재난
영화
기후
환경
빼먹기

재난 영화 속 기후 환경 빼먹기

속

루카 지음

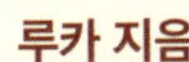

왜 재난 영화는 늘 지구의 끝을 이야기할까요?

지구가 폭발하고, 빙하기가 찾아와 거의 모든 생명이 사라지고, 거대한 해일이 도시를 삼킵니다. 얼어붙은 세상에서 인간은 서로를 적으로 삼아 살아남으려고 발버둥칩니다.

어떤 영화는 말합니다. "우린 너무 늦었습니다."
또 다른 영화는 말합니다. "희망은 아직 남아 있습니다."

이런 상상이 곧 현실이 될지도 모른다는 불안감에 우리는 과학자들의 경고에 귀를 기울입니다. 많은 과학자가 2030년이면 세계 평균기온이 산업화 이전보다 1.5도 상승할 것으로 예측합니다. 누군가는 '고작 몇 도 오른다고 뭐가 문제냐?'라고 할지 모릅니다. 하지만 그 '몇 도'가 해수면을 높이고, 전염병을 확산시키며, 생태계의 질서를 무너뜨립니다. 재난 영화는 이를 거듭 상기시키며 우리의 삶이 기후와 환경에 달려 있음을 경고합니다.

인류는 과학기술을 믿고 여기까지 왔습니다. 온실가스를 빨아들이는 기계가 구원을 가져올 것이라 믿었고, 화성의 테라포밍을 꿈꿨습니다. 그러나 스크린 속 영화들은 묻습니다.

"우리는 과연 그럴 자격이 있는가?"
"정말 거기까지 가야만 하는가?"

기후를 바꾸고 자연을 설계할 수 있다고 믿는 순간, 인간은 신이 되고자 했을지도 모릅니다. 그러나 그 대가는 상상 이상으로 큰 재앙이 되어 돌아올 수 있습니다.

이번 책에선 딸이 아니라 조카와 이야기를 나눕니다. 1관 '기후 재앙관'에서는 지구를 위협하는 다양한 기후변화를, 2관 '자연 반격관'에서는 우리가 훼손한 자연의 무서운 반격을, 3관 '인류 대응관'에서는 이를 막기 위한 인류의 전략들을 함께 살펴봅니다.

　　이 책은 영화적 상상 너머에 숨겨진 과학적 사실에 집중합니다. 그 재난은 어디까지 현실이고 어디부터가 허구인지, 지금 지구는 어떤 상태인지, 그리고 우리는 무엇을 할 수 있는지를 이야기합니다. 단지 경고로 그치지 않고, 우리가 미처 인식하지 못했던 생태계 전체 붕괴의 위험까지 함께 성찰하고자 합니다.

　　영화는 끝났지만, 현실의 지구는 아직 결말이 쓰이지 않았습니다. 우리에겐 새로운 엔딩 크레딧을 써 내려갈 시간이 아직 남아 있습니다.

2026년, 끓고 있는 지구에서

루카

#Disaster_Movie

차례

들어가는 글
004

1 기후 재앙관

영화
〈투모로우〉
×

북대서양 해류 붕괴
014

×

과학 빼먹기
여섯 번째 대멸종의 주인공은?
032

영화
〈2012〉
×

판게아의 부활
038

×

과학 빼먹기
현대판 노아의 방주, 시드볼트
052

영화
〈더 임파서블〉
×

쓰나미, 10분의 공포
056

×

과학 빼먹기
재앙을 먼저 아는 동물들
070

영화
〈트위스터〉
×

토네이도의 힘
074

×

과학 빼먹기
폭풍을 쫓는 사람들,
토네이도 추격자
086

영화
〈종말의 끝〉
×

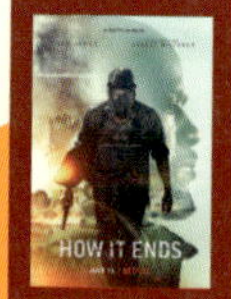

자기장의 붕괴
090

×

과학 빼먹기
보이지 않는 지도,
동물의 자기 감각
100

2 자연 반격관

영화
〈더 그레이〉
×

동물의
반격

108

×

과학 빼먹기
동물도 슬퍼하고 애도할까?

120

영화
〈해프닝〉
×

식물의
반격

124

×

과학 빼먹기
식물도 기억할 수 있을까?

140

HBO 드라마 시리즈 1
〈라스트 오브 어스〉
×

미생물의
반격

144

×

과학 빼먹기
숲속을 연결하는 균근 네트워크

156

영화
〈미믹〉
×

곤충의
반격

160

×

과학 빼먹기
작지만 똑똑한 군단,
곤충의 집단지능

174

영화
〈인베이젼〉
×

외래종의
반격

178

×

과학 빼먹기
AI와 위성을 이용한
외래종 확산 추적

192

3 인류 대응관

영화
〈애프터 어스〉
×

지구를
잃은
인류

198

×

과학 빼먹기
인류가 사라진 후,
자연 회복 시간표

212

영화
〈레드 플래닛〉
×

화성
이주
프로젝트

216

×

과학 빼먹기
화성에서의 농사, 과연 가능한가?

232

영화
〈옥자〉
×

GMO와
식량
문제

236

×

과학 빼먹기
멸종동물 복원 프로젝트
'디익스팅션'

248

영화
〈딥 임팩트〉
×

지구
방어
시스템

252

×

과학 빼먹기
소행성 탐사의 목적

264

영화
〈지오스톰〉
×

인류의
기후
조정

266

×

과학 빼먹기
인공강우 실험의 빛과 그림자

280

참고 자료

284

#Disaster_Movie

1

영화 〈투모로우〉

영화 〈2012〉

영화 〈더 임파서블〉

영화 〈트위스터〉

영화 〈종말의 끝〉

기후
재앙관
#Disaster_Movie

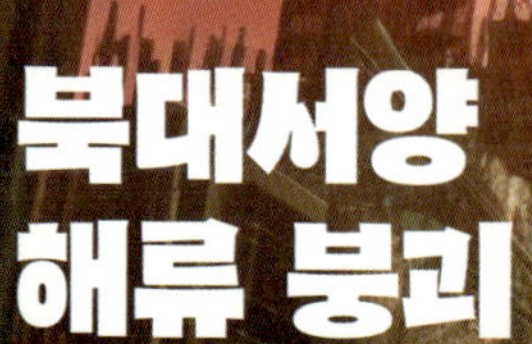

북대서양
해류 붕괴

영화 〈투모로우〉
(2004)

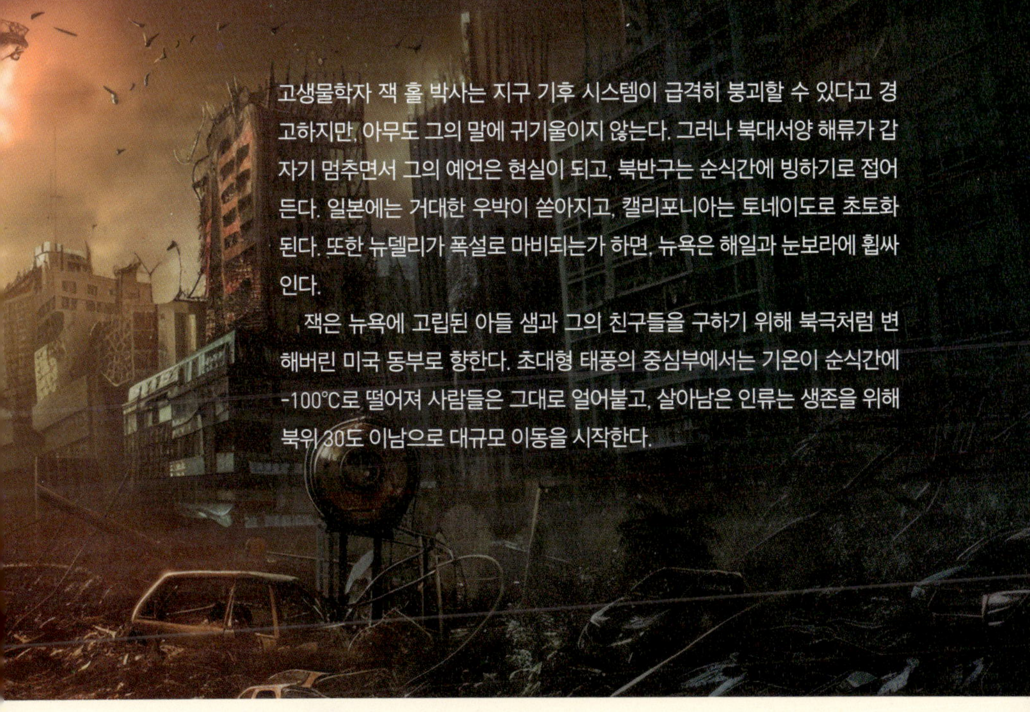

고생물학자 잭 홀 박사는 지구 기후 시스템이 급격히 붕괴할 수 있다고 경고하지만, 아무도 그의 말에 귀기울이지 않는다. 그러나 북대서양 해류가 갑자기 멈추면서 그의 예언은 현실이 되고, 북반구는 순식간에 빙하기로 접어든다. 일본에는 거대한 우박이 쏟아지고, 캘리포니아는 토네이도로 초토화된다. 또한 뉴델리가 폭설로 마비되는가 하면, 뉴욕은 해일과 눈보라에 휩싸인다.

잭은 뉴욕에 고립된 아들 샘과 그의 친구들을 구하기 위해 북극처럼 변해버린 미국 동부로 향한다. 초대형 태풍의 중심부에서는 기온이 순식간에 -100℃로 떨어져 사람들은 그대로 얼어붙고, 살아남은 인류는 생존을 위해 북위 30도 이남으로 대규모 이동을 시작한다.

조카 민규는 어릴 적부터 호기심이 많은 아이였습니다. 유치원생 시절, 명왕성이 왜 태양계 행성에서 제외됐는지를 물어볼 정도였지요. 중학생이 된 민규는 오랜만에 외삼촌 집에 놀러 와 심심했는지, 뭐 재미있는 거 없냐며 투덜댔습니다. 민규가 어릴 때 유난히 『겨울 왕국』을 좋아했던 게 기억나서 나는 좀 더 업그레이드된 '겨울 왕국 영화'를 함께 보자고 제안했습니다.

삼촌! 영화 언제 볼 거예요?

투모로우.

투모로우.

영화 〈투모로우〉의 한 장면

영화가 끝나자 과묵했던 사춘기 조카가 드디어 말문을 열었습니다.

삼촌, 영화가 너무 과장된 거 아니에요? 저렇게 거대한 파도가 도시 전체를 순식간에 덮치고, 곧바로 꽁꽁 얼어붙다니요.

사실, 과장된 면이 없지는 않지. 하지만 영화에 등장한 현상은 실제로 존재하는 기상 현상인 '폴라 볼텍스Polar Vortex'를 바탕으로 한 거야. 폴라 볼텍스는 지상 약 50km 상공에서 시속 160km로 빠르게 회전하는 거대한 소용돌이를 말하거든.

이 소용돌이가 강해지면, 원래 북극의 찬 공기를 막아주던 제트기류

 재난 영화 속 기후환경 빼먹기

가 그 힘을 이기지 못하고 남쪽으로 밀려 내려오게 돼. 그 결과 북극의 찬 공기가 중위도 지역까지 흘러들면서 기온이 급격히 떨어지는 거야. 이 현상은 냉장고 문을 열었을 때를 떠올리면 이해하기 쉬워. 냉장고 문을 열면, 안에 있던 찬 공기(북극의 냉기)가 바깥(지구 전역)으로 퍼져 나가는 것과 비슷하거든.

이러한 폴라 볼텍스 현상은 실제로 2014년과 2019년, 미국에 두 차례나 발생했어. 당시 일부 지역에서는 기온이 무려 -40℃까지 떨어지기도 했지. 하지만 더 큰 문제는 1990년대에는 드물었던 극한 한파가 최근 들어 더 자주 발생하고 있다는 사실이야. 물론 영화처럼 기온이 단숨에 -100℃까지 떨어져 도시 전체가 얼어붙는 일은 현실에서 일어나지 않겠지. 하지만 이처럼 극단적인 기상이변이 증가하고 있다는 건 정말 심각한 문제야.

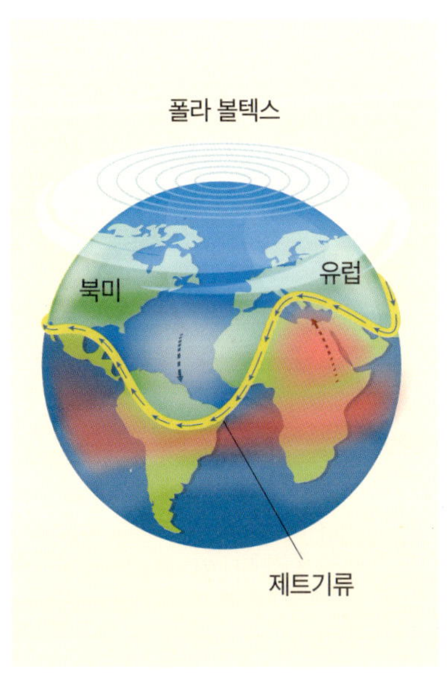

폴라 볼텍스의 작동 원리

영화에선 기후변화라는 말을 하던데요. 기상과 기후는 어떻게 다른 거예요?

중학생이 되더니 민규가 궁금한 게 많아졌네. TV에서 매일 날씨를 알려 주는 사람을 기상 캐스터라고 하잖아. 여기서 기상Weather이란 짧은 시간 동안 나타나는 날씨 상태를 뜻해. 예를 들어 '비가 온다', '바람이 분다'처럼 말이야.

반면 기후Climate는 이런 기상 상태가 보통 30년 이상 누적된 평균적인 날씨 패턴을 말해. 서울은 여름에 덥고 습하며 겨울엔 춥고 건조하다거나, 미국 동부는 여름에는 덥고 겨울엔 눈이 많이 온다는 식으로 말이지.

그렇구나! 그럼, 영화에 나오는 장면은 기상 변화라고 해야 해요, 아니면 기후변화라고 해야 해요?

좋은 질문이야. 그럼, 하나씩 알아볼까? 네 말대로 뉴욕이 하루아침에 빙하기처럼 변한 건 단기간에 일어난 일이니까, 엄밀히 말하면 기상 변화라고 할 수 있어. 하지만 그 기상 변화가 왜 일어났는지를 따져 보면, 오랫동안 일어난 기후변화가 원인이라는 사실을 알 수 있을 거야. 그러니까 영화 속 상황은 단기적인 기상 변화지만, 그 배경에는 장기적인 기후변화도 함께 있는 거지. 결국 기상과 기후, 두 가지가 얽혀 일어난 복합적인 현상이라고 볼 수 있어.

영화에서 잭 박사가 뉴욕이 빙하기처럼 변한 게 무슨 해류 때문이라고 하던데, 그건 또 어떤 관련이 있는 거예요?

영화에 나오는 해류는 대서양 자오면 순환AMOC: Atlantic Meridional

Overturning Circulation으로 흔히 북대서양 해류라고 하지. 이 해류는 열염순환Thermohaline Circulation이라는 현상과 깊은 관련이 있어. 영화에서 잭 박사가 열염순환이 멈춰서 지구가 급격히 추워졌다고 말한 장면, 기억나지? 이름이 좀 어려워 보이지만, 말 그대로 열Temperature과 염도Salinity가 중요한 역할을 한다는 거야.

해류는 마치 바닷물을 순환시키는 거대한 엘리베이터와 같아. 염도가 낮고 따뜻한 물은 위로 올려보내고, 염도가 높고 차가운 물은 아래로 가라앉게 하거든. 이런 방식으로 해류는 지구 곳곳에 열을 나르며 기후를 일정하게 유지하는 기능을 해왔어.

그런데 지구온난화로 극지방의 빙하가 녹으면서 엄청난 양의 민물이 한꺼번에 북대서양으로 흘러들었어. 이 민물이 해수의 염도를 낮추

열염순환과 표층 순환 흐름도 ©YTN Science

면서 해류의 순환이 약해지다가 결국 멈추게 된 거지. 해류가 멈추면 따뜻한 열을 북쪽으로 보내지 못하게 되고, 결국엔 북반구 온도가 급격히 떨어져 빙하기와 같은 상황이 벌어진 거야.

해류가 그렇게 중요한 역할을 하는지 몰랐어요. 그런데 해류는 어떻게 생기는 거예요?

해류가 만들어지는 데는 여러 가지 요인이 있어. 첫 번째는 바로 바람이야. 지구 대기에서 부는 무역풍과 편서풍 같은 바람들이 바닷물의 표면을 움직이게 만들어 해류가 형성되는 거지.

두 번째는 지구의 자전이야. 지구가 자전하면서 바닷물의 이동 방향이 바뀌는데, 북반구에서는 오른쪽으로, 남반구에서는 왼쪽으로 휘어지게 돼. 이 때문에 회전하는 거대한 순환이 만들어지지. 이 현상을 코리올리 효과Coriolis Effect 또는 전향력Coriolis Force이라고 불러.

세 번째는 수온과 염분의 차이야. 바닷물의 온도나 염분 농도에 따라 물이 가라앉거나 떠오르면서 깊은 바닷속을 흐르는 해류가 생기는데, 이게 바로 영화에서 나왔던 열염순환이야. 염도가 높고 차가운 바닷물은 무거워서 아래로 내려가고, 반대로 염도가 낮고 따뜻한 물은 위로 떠오르는 원리지.

네 번째는 해양의 수위 차이와 중력이야. 지역에 따라 해수면의 높이가 다를 수 있는데, 이때 중력에 의해 물이 높은 곳에서 낮은 곳으로 이동하면서 해류가 만들어지기도 하거든.

 재난 영화 속 기후환경 빼먹기

마지막은 대륙과 해저 지형의 특성이야. 바다 밑의 지형이나 대륙의 모양이 해류의 흐름을 막거나 방향을 바꾸기도 하지.

이처럼 해류는 지구 곳곳에 열을 운반하면서 지구의 온도를 일정하게 유지하는 데 매우 중요한 역할을 하고 있어.

그런데 영화에서는 지구온난화로 극지방의 빙하가 녹으면서 해류에 문제가 생기기 시작했어. 빙하에서 녹아내린 민물이 밀도가 높은 바닷물의 흐름을 방해하면서, 결국 해류의 순환이 멈추게 된 거지.

그런데 삼촌이 빙하가 녹아서 민물이 유입되었다고 했잖아요? 왜 바닷물이 아니라 민물이 유입돼요?

좋은 질문이야. 사실 바다 위에 떠 있는 빙하는 여러 구조로 이루어져 있어. 영화 첫 장면 기억나? 잭 박사가 남극 기지에서 빙하가 갈라져서 생긴 크레바스Crevasse 때문에 죽을 뻔했잖아. 그 장면에 나온 빙하의 한 부분을 빙붕Ice Shelf이라고 해. 빙붕은 빙하가 육지에서 흘러나와 바다 위에 떠 있는, 마치 선반처럼 펼쳐진 얼음덩어리를 말하지. 남극 해안선의 약 44%가 이 빙붕으로 덮여 있을 정도로 엄청난 규모야.

그런데 빙붕이나 빙하는 모두 육지에 쌓인 눈이 오랫동안 압축되어 만들어진 거야. 즉, 바닷물이 아니라 순수한 민물이 얼어서 생긴 거지. 그래서 빙하가 녹으면 깨끗한 민물이 바다로 흘러 들어가게 돼. 결국 이러한 민물이 바닷물의 염분 농도를 낮추고 해류 순환에도 큰 영향을 주는 거야.

또한 우리가 흔히 산처럼 보이는 빙하, 즉 빙산도 마찬가지야. 빙산 역시 바닷물이 얼어서 만들어진 게 아니라, 육지에서 떨어져 나와 바다로 떠내려간 육상 빙하의 일부거든. 그래서 빙산 역시 순수한 민물 얼음덩어리인 거지.

참고로 빙산은 일반적으로 해수면 위와 아래의 비율이 약 1 대 9 정도로 유지돼. 이건 아르키메데스의 원리Archimedes' Principle로 쉽게 설명할 수 있어. 얼음의 밀도는 약 0.917g/cm^3이고 바닷물의 밀도는 약 1.025g/cm^3이기 때문에, 부력과 중력이 균형을 이루기 위해 빙산 전체의 약 90%는 물속에 잠기고 나머지 10%만 수면 위로 드러나거든. 우리가 보는 건 말 그대로 '빙산의 일각'에 불과한 셈이지.

TV 속 거대한 그린란드 빙하는 절대 안 녹을 것처럼 보이던데, 어떻게 한 순간에 무너지는 거예요?

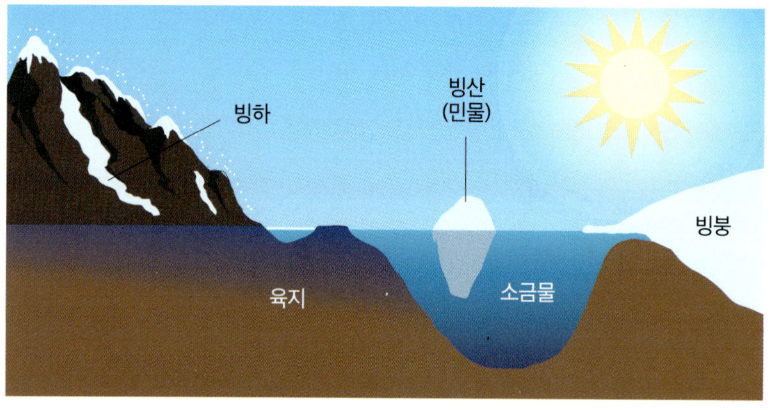

빙하의 구조

 재난 영화 속 기후환경 빼먹기

그린란드는 해안 지역을 제외하면 국토의 약 80%가 빙하로 뒤덮여 있는 나라야. 이 그린란드 빙하는 약 300만 년 전부터 형성되기 시작한 것으로 추정되는데, 그 중심부의 빙하 두께는 무려 3,000m 이상으로 여겨지고 있어.

흥미로운 점은 이렇게 거대한 빙하도 결국 눈이 쌓여서 만들어졌다는 거야. 겨울마다 내린 눈이 쌓이고, 여름에는 일부가 녹았다가 다시 얼기를 반복하면서 점점 두꺼워지는 거지.

그런데 지구가 점점 따뜻해지면서 빙하가 녹는 양이 갑자기 늘어나고 있어. 그린란드 빙하 아래에는 바다와 맞닿는 부분이 있는데, 지구가 따뜻해지면서 덩달아 수온이 올라간 바닷물이 빙하의 밑부분부터 점점 파고들고 있거든.

게다가 여름이 되면 빙하 위쪽도 많이 녹으면서 생기는 멜트웰Melt-well이라는 물웅덩이가 생기는데, 이것이 해빙을 더욱 부채질하고 있어. 멜트웰에 고인 물이 크레바스를 따라 얼음 아래로 깊숙이 스며들면서 얼음과 땅 사이를 미끄럽게 만들어, 결과적으로 빙하가 원래 속도보다 더 빠르게 바다로 미끄러져 가게 되지. 이러한 현상을 글래시얼 서지Glacial Surge라고 하는데, 이는 빙하를 빠른 속도로 무너지게 만드는 요인 중 하나야.

한편, 해안가에 떠 있는 빙붕이 기후변화로 약해지면서 갑자기 큰 덩어리가 바다에 무너져 내리는 일도 있어. 이러한 빙붕 붕괴Ice Shelf Collapse가 발생하면 내륙 빙하의 흐름을 막아주던 댐이 사라져 급격한 빙하 붕괴가 발생해.

마지막으로 눈과 얼음은 햇빛을 잘 반사하는 특성이 있어. 얼음이 녹아 어두운 바위나 물이 드러나면 햇빛을 흡수해서 더 따뜻해지고, 그 열 때문에 얼음은 더 빨리 녹게 되지. 이러한 현상을 알베도 피드백Ice-albedo feedback이라 부르는데, 이는 빙하 붕괴를 더 빠르게 하는 원인 중 하나야.

이렇게 빙하 붕괴는 위에 말했던 여러 요인이 점진적으로 일어나다가 어느 임계점을 넘으면서 급격히 일어난다고 볼 수 있어.

참고로 UN 산하 기구인 '기후변화에 관한 정부 간 협의체IPCC'가 2021년부터 2023년까지 발표한 제6차 평가보고서에 따르면, 1980년과 비교해 전 세계의 빙하가 거의 절반 가까이 줄어든 것으로 나타났어. 이것은 지구온난화가 더욱 가속화되고 있다는 확실한 증거로, 우리가 더욱 경각심을 가져야 하는 이유이기도 하지. 이제는 지구온난화Global Warming라는 표현을 넘어, '지구 가열화Global Boiling'라는 말까지 등장하고 있을 정도니 말이야.

삼촌, 예전에도 해류가 멈춘 적이 있어요?

그럼. 영화처럼 단 며칠 만에 일어난 것은 아니지만, 실제로 그와 비슷한 현상은 여러 차례 있었어. 과거의 빙하기들도 대부분 이러한 해류 변화로 만들어진 결과였지. 가장 대표적인 사례는 약 1만 2,900년 전 발생한 영거 드라이아스Younger Dryas라는 사건이야. 그 당시는 마지막

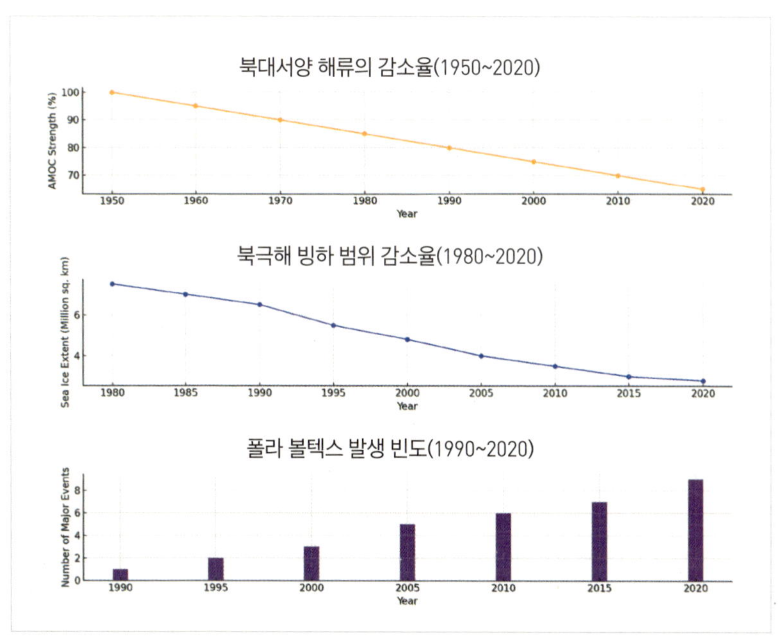

AMOC 감소율, 북극해 빙하 범위 감소율, 폴라 볼텍스 발생 빈도
ⓒIPCC 기후변화 보고서

빙하기가 끝나고 따뜻한 간빙기가 시작되던 무렵이었는데, 갑작스러운 해류 정체로 북반구 기온이 최대 15℃나 떨어졌다고 해.

　더 놀라운 사실은 최근 들어 해류 순환에 다시 문제가 생기고 있다는 점이야. 연구에 따르면, 1950년 이후 해류 순환 속도가 약 15%나 느려졌다고 하더라고. 특히 2021년 과학 저널 『네이처』에 실린 한 논문은 더욱 충격적인 내용을 담고 있지. 그 보고서는 지금과 같은 추세가 이어진다면, 앞으로 100년 안에 해류 순환이 완전히 멈출 수 있다고 경고

했거든.

정말요? 그럼 남은 시간이 별로 없네요! 지구가 다시 빙하기로 돌아갈 수도 있다는 거예요?

너무 걱정하지 마. 그런 일은 단기간에 갑자기 일어나지 않으니까. 대부분의 변화는 짧게는 수십 년, 길게는 수백 년에 걸쳐 아주 서서히 진행되거든. 그 말은, 우리에겐 아직 시간이 있다는 뜻이지. 지금부터라도 지구온난화를 막기 위한 실천을 하나씩 해 나간다면, 그런 재난의 속도를 늦추거나 적어도 피해를 최소화할 수 있을 거야.

빙하기Ice Age란 지구의 평균기온이 낮아지면서, 극지방과 대륙에 거대한 빙하가 형성되는 시기를 말해. 사실 빙하기는 우리가 생각하는 것보다 훨씬 자주 일어났었어. 더 놀라운 사실은 지구가 여전히 빙하기의 한가운데에 있다는 거야. 다만 우리는 빙하기 중에서도 비교적 따뜻한 시기인 간빙기에 살고 있어서 그러한 사실을 잘 체감하지 못할 뿐이지.

정말요? 우리가 아직도 빙하기에 살고 있다고요?

맞아. 과학자들에 따르면, 지금까지 지구에는 총 다섯 번의 대규모 빙하기가 있었는데, 그중 마지막인 제4기 빙하기Quatenary Ice Age는 약 260만 년 전부터 현재까지 계속되고 있어. 이 시기는 빙하기와 따뜻한 간빙기가 주기적으로 20~30차례 반복된 시기로, 지구의 기후 변화에 큰 영향을 미쳤지. 지질시대로는 신생대 4기의 플라이스토세

Pleistocene부터 현재의 홀로세Holocene에 해당해. 일부 학자들은 1950년대 이후를 인류세Anthropocene라 부르자고 하지만, 아직 공식 명칭은 아니야.

플라이스토세 동안 지구는 운석 충돌, 대규모 화산 폭발, 빙하의 팽창과 후퇴 등 다양한 자연 현상을 통해 생태계에 큰 변화를 겪어왔어. 특히 이 시기에는 현생 인류(호모 사피엔스)가 등장하고, 매머드 같은 거대 동물들이 멸종하는 등의 인류 역사상 큰 사건들이 발생했지.

그럼, 빙하기가 일어난 이유가 뭔데요?

그건 여러 가지 원인이 있어. 빙하기는 지구의 공전 궤도 변화, 대기중 이산화탄소 농도, 그리고 대륙의 움직임 같은 다양한 요인들이 복잡하게 작용해서 일어난 거야.

예전에는 대륙이 적도 근처로 몰리면서 암석이 빠르게 풍화되고, 이산화탄소가 줄어들어 지구가 차가워지기도 했지. 이런 대륙의 이동을 판구조 운동Plate Tectonics라고 불러.

첫 번째 빙하기는 언제쯤 일어났어요?

지구가 첫 번째로 맞이한 빙하기는 지금으로부터 약 21~24억 년 전까지, 시생대Archean 후반에 걸쳐 지속된 휴로니안 빙하기Huronian Ice Age야. 이 시기에는 아직 다세포 생물이 출현하기 전으로, 주로 단세포 생물만 존재하던 때지. 그런데 대규모로 발생한 산소가 메탄을 분해하면서 온실효과가 약해져 빙하기가 찾아온 거야. 그로 인해 지구 전체가 처음으로 얼음에 뒤덮이게 되었지.

지구에 산소를 제공한 게 뭔데요?

그건 바로 남세균Cyanobacteria이야. 남세균이 광합성을 통해 지구 대기에 산소를 내뿜기 시작했지. 여기서 흥미로운 사실은 이 시기에 발생한 산소로 인해 멸종을 맞이한 생물들도 있다는 점이야.

우리는 산소 없이는 한시도 살 수 없는 존재라 조금 의아할 수도 있지만, 당시 지구에는 산소가 없는 환경, 즉 혐기성 조건에서 살아가는 생물들이 꽤 많았거든. 그런데 산소 농도가 급격히 높아지자, 혐기성 생물들에겐 산소가 오히려 독이 되었던 거야. 그로 인해 '산소 대재앙 GOE: Great Oxidation Event'이라는 대규모 멸종 사태가 벌어진 거지.

그렇다고 모든 혐기성 생물이 사라진 건 아니야. 혐기성 생물은 여전히 인류의 삶과 밀접한 관련이 있거든. 우리 장에 서식하며 소화를 돕기도 하고, 메탄이나 바이오가스 같은 바이오에너지 생산까지 도맡고 있지. 더욱이 최근에는 오염 정화나 바이오산업 등에도 활용되고 있어.

그럼, 빙하기 중 가장 추웠던 건 언제예요?

그건 약 6~7억 년 전 사이, 지구가 두 번째로 겪은 크라이오제닉 Cryogenian 빙하기야. 이 빙하기는 전반부의 스트루티안Sturtian 빙하기와 후반부의 마리노안Marinoan 빙하기로 나뉘고, 지질시대로는 원생대Proterozoic 후반에 해당하지. 이 시기는 눈덩이 지구Snowball Earth 라고 알려졌을 정도로, 지구 역사상 가장 혹독한 빙하기였어.

지난번에 삼촌이 어느 빙하기에 지구 최초의 대멸종 사건이 일어났다고 했던 것 같은데, 그게 언제예요?

그건 약 4억 2천∼4억 6천만 년 전까지 지속된, 지구의 세 번째 빙하기인 안데스-사하라Andean-Saharan 빙하기야. 이 시기는 고생대의 오르도비스기Ordovician부터 실루리아기Silurian에 해당하는 시기로, 다른 시기에 비해 짧은 게 특징이지.

이 시기에 빙하기가 찾아온 이유는 대기 중 이산화탄소가 감소한 데다가 당시의 초대륙이었던 곤드와나Gondwana가 남극으로 이동하면서 빙하 형성이 쉬워졌기 때문이야. 게다가 심해 순환의 구조가 바뀌면서 열 수송이 어려워진 것도 이유 중의 하나로 추정하고 있어.

이 빙하기의 여파로 우리가 잘 알고 있는 삼엽충을 비롯한 전체 해양 생물의 약 86%가 멸종에 이르렀어. 빙하기로 인해 바닷물이 얼면서 해수면이 낮아졌기 때문이지. 그 결과 얕은 해역에 서식하던 생물뿐만 아니라, 물속 산소가 부족해진 심해 생물들마저 대멸종을 겪게 되었어.

지금 보니 5번의 빙하기 중 4번째 빙하기만 빼놓은 것 같은데, 그 시기엔 어떤 일이 있었어요?

약 2억 6천∼3억 6천만 년 전까지 지속되었던 네 번째 빙하기인 카루

지질시대구분	세부지질시대	빙하기	대멸종 및 주요 사건
선캄브리아대	명왕누대 (46~40억 년 전)		원시공통조상 LUCA 등장
	시생누대 (~25억 년 전)	휴로니안(1차) (24~21억 년 전)	시아노박테리아-산소대재앙
	원생누대 (~5.4억 년 전)	크라이오제닉(2차) (7.2~6억 년 전)	진핵생물, 다세포생물 등장
고생대	캄브리아기 (~4.8억 년 전)		
	오르도비스기 (~4.4억 년 전) 실루아기 (~4.2억 년 전)	안데스-사하라(3차) (4.6~4.2억 년 전)	1차 오르도비스기(최초 대멸종) (86% 멸종) 무척추동물, 절지동물 번성
	데본기 (~3.6억 년 전)		2차 데본기 (판피어류 등 75% 멸종) 어류 다양화, 양서류, 겉씨식물 등장
	석탄기 (~3억 년 전) 페름기 (~2.5억 년 전)	카루(4차) (3.6~2.6억 년 전)	3차 페름기(최대 대멸종) (삼엽충, 대형곤충 등 96% 멸종) 거대양치식물, 대형곤충, 파충류 등장
중생대	트라이아스기 (~2억 년 전)		4차 트라이아스기 (대형 양서류 등 86% 멸종) 공룡, 포유류 등장
	쥐라기 (~1.5억 년 전)		공룡 번성, 조류 조상 등장
	백악기 (~6.6천만 년 전)		5차 백악기 (공룡 등 76% 멸종) 속씨식물 등장, 포유류시대 개막
신생대 제3기	팔레오기 팔레오세 (~5.6천만 년 전)		대형포유류, 조류, 초기 영장류 등장
	팔레오기 에오세 (~3.4천만 년 전)		
	팔레오기 올리고세 (~2.3천만 년 전)		
	네오기 마이오세 (~5.3백만 년 전)		대형 포유류 진화 오스트랄로피테쿠스 아파렌시스 (루시; 320만 년 전) — 직립보행
	네오기 플라이오세 (~2.6백만 년 전)		
신생대 제4기	플라이스토세 (~1.2만년 전)	제4기 빙하기(5차) (260만 년 전~현재)	메머드, 검치호 등장 호모사피엔스 등장(30만 년 전)
	홀로세 (~현재)		6차 신생대4기 인류세? (인류 멸종?)

지질시대에 따른 빙하기와 대멸종 시기 비교

 재난 영화 속 기후환경 빼먹기

Karoo 빙하기는, 지질시대로는 고생대 말 석탄기Carboniferous와 페름기Permian에 해당하지. 이 시기에 빙하기가 생겨난 이유는 이때 번성한 거대한 고사리나 양치식물들 때문이었어. 이들의 광범위한 광합성 덕분에 대기 중 이산화탄소 농도가 급격히 줄어들었거든.

그런데 카루 빙하기는 인류에게도 중요한 의미를 지닌 시기야. 당시 나무들은 뿌리를 깊게 내리지 못해서 비만 오면 쉽게 쓰러졌어. 게다가 그것을 분해할 미생물도 거의 없어서 썩지 않은 나무들이 그대로 쌓이며 지층을 이루었고, 결국 거대한 석탄층이 만들어졌지. 오늘날 우리가 사용하는 석탄은 바로 이 시기에 형성된 거야.

이 시기는 지구 역사상 가장 큰 멸종으로 기록되는 고생대 말부터 중생대 초까지 이어지는 페름기-트라이아스기Permian-Triassic 대멸종은 물론이고, 트라이아스기-쥐라기Triassic-Jurassic 대멸종과도 밀접하게 연결되어 있어. 따라서 이 시기는 지구 생물의 진화와 환경 변화 측면에서 매우 중요한 시기라 할 수 있지. ●

과학 빼먹기

여섯 번째 대멸종의 주인공은?

앞에서 살펴본 지구의 총 다섯 번의 빙하기는 생물의 대멸종과 깊은 관련이 있습니다. 학자들은 지구 생물의 70% 이상이 사라진 사건을 대멸종Mass Extinction이라고 부릅니다. 지구는 이미 다섯 번의 대멸종을 겪었고, 과학자들은 안타깝게도 여섯 번째 대멸종이 이미 시작되었다고 경고하고 있습니다.

그렇다면 이번 대멸종의 가장 유력한 희생자는 누구일까요?

과학자들은 인간을 유력한 후보로 지목하고 있습니다. 그 이유는 생태학적 근거 때문입니다. 지금까지 먹이사슬의 최상위에 있던 생물들은 대멸종 때마다 큰 타격을 입었습니다. 또한, 생물량Biomass, 즉 생태계에서 차지하는 에너지 비율이 높은 생물들도 마찬가지였습니다.

인간은 지구 전체 생물량 중 약 0.06 GtC(기가톤 C)에 불과하지만, 우리가 사육하는 가축을 포함하면 인간 관련 생물량은 지구 동물 전체의 90% 이상을 차지합니다. 이처럼 한 종이 생태계 내에서 차지하는 비중이 지나치게 커지면 그 생태계는 불안정해지고, 환경 변화에 의한 충격을 가장 먼저, 가장 크게 받게 됩니다. 결국, 우리는 먹이사슬의 꼭대기에 서 있을 뿐만 아니라, 과도한 생물량과 영향력을 지닌 존재로 대멸종의 주요 위기종인 셈입니다.

그렇다면 여섯 번째 대멸종이 시작된 건 언제일까요? 과학자들은 그 시작을 1950년대 이후로 보고 있습니다. 그 이유는 다음과 같습니다. 첫째, 지질학적으로 1950년 이후 인류는 대규모 핵실험과 급격한 산업화로 인해 지구 전역에 방사능과 플라스틱, 중금속 오염물질을 남기기 시작했습니다. 오늘날 인류가 만든 쓰레기와 오염물질은 바다 깊은 곳에서부터 산 정상에 이르기까지, 지구 전역에 퍼져 있습니다.

둘째, 생물학적인 변화도 눈에 띕니다. 인류는 이 시기부터 대규모 공장식 가축 사육을 통해 지구 생물 분포를 바꿔 놓았습니다. 특히, 닭은 현재 지구에서 흔하게 사육되는 척추동물 중 하나입니다. 닭 한 종류의 생물량이 모든 야생 조류의 생물량을 능가할 정도입니다. 아마도 먼 미래의 후손들은 닭의 뼈를 토대로 우리가 살고 있는 시대를 판단할지도 모릅니다. 마치 삼엽충을 보고 고생대를 떠올리는 것처럼 말이지요.

셋째, 지구의 온도변화입니다. 지구의 마지막 대멸종 당시에도 급격한 온도 상승이 있었습니다. 하지만 그때조차도 1만 년 동안 지구 평균기온이 4도 상승하는 데 그쳤습니다. 그런데 충격적인 보고가 전해졌습니다. 2023년 지구의 평균기온이 산업화 이후 약 1.5℃나 상승했다는 것입니다. 숫자로 보면 별일 아닌 듯 보이지만, 속도가 너무 빠르다는 점이 문제입니다. 이런 기온 상승 추세는 지구가 감당하기 어려운 수준입니다.

그럼, 이런 상황에서 우리는 무엇을 할 수 있을까요? 가장 중요한 것은 무언가라도 시작해야 한다는 것입니다. 인류는 이미 오존층 파괴 위험으로부터 지구를 지켜낸 경험이 있습니다. 우리에게 프레온 가스로 알려진 염화플루오로카본CFC: Chlorofluorocarbon 규제는 지구 환경 보호에 있어 가장 성공적인 국제 협력 사례 중 하나로 평가받습니다. 1987년 체결된 몬트리올의정서는 프레온 가스를 포함한 오존층 파괴 물질의 생산과 사용을 단계적으로 중단하도록 규정하였으며, 그 결과 오존층 회복과 기후변화 완화에 상당한 성과를 거두었습니다. 유엔에 따르면 2040년까지 대부분 지역에서, 북

 재난 영화 속 기후환경 빼먹기

2019 UN 기후 행동 정상회의에 참석한 그레타 툰베리(맨 우측)

극은 2045년, 남극은 2066년까지, 오존층이 1980년 수준으로 회복될 것으로 전망하고 있습니다.

우리는 또다시 해낼 수 있습니다! 탄소 배출을 줄이기 위해 우리는 신재생 에너지의 사용과 효율을 높이고, 육류 소비를 줄이며, 과도한 소비를 멈

취야 합니다.

2019년 9월 23일, 스웨덴의 16세 소녀 그레타 툰베리Greta Thunberg는 'UN 기후 행동 정상회의'에서 이렇게 외쳤습니다. "당신들이 빈말로 우리를 실망하게 하는 동안, 사람들은 죽어가고 있고, 생태계가 무너지고 있습니다." 그녀의 간절한 목소리를 기억하며, 우리도 함께 행동해야 할 시간입니다. ●

북반구에 있는 우리나라는 겨울이 더 추워졌다고 합니다. 그 이유는 무엇일까요?

 재난 영화 속 기후환경 빼먹기

#Disaster_Movie

판게아의 부활

영화 〈2012〉

(2009)

전 세계 곳곳에서 이상 징후가 감지되기 시작한다. 태양에서 방출된 강력한 중성미자가 지구의 핵을 달구면서 지구 내부는 점점 불안정해진다. 과학자들은 이미 수년 전부터 이 사실을 알고 있었지만, 대중의 혼란을 우려해 철저히 비밀에 부쳐 왔다. 그러나 지각이 녹아내리고 대륙이 뒤틀리며 전 세계가 파괴되는 그날은 예상보다 훨씬 빨리 찾아온다.

평범한 이혼남이자 소설가인 잭슨 커티스는 두 아이와 함께 떠난 캠핑에서 우연히 종말을 예고하는 정보를 얻게 된다. 그는 가족을 구하기 위해 목숨을 건 탈출을 시도한다. 로스앤젤레스는 지진으로 무너지고, 옐로스톤은 화산 폭발에 휩싸이며, 쓰나미는 전 세계를 집어삼킨다. 지구는 말 그대로 종말에 직면한다.

한편, 인류는 소수의 선택된 사람들과 일부 동물들을 태워 새 인류의 시작을 준비할 거대한 방주를 건조하고 있다. 하지만 그 방주는 극소수에게만 탑승이 허용되고, 평범한 사람들은 그 존재조차 알지 못한다. 잭슨과 그의 가족은 그 배에 오르기 위해 목숨을 건 여정을 시작한다.

학교에서 과학관에 갔다가 그곳에서 지진 체험을 한 민규가 호들갑을 떨며 집으로 들어왔습니다.

삼촌, 지진 그거 대단하던데요? 지진 관련 영화 뭐 없어요?

있지. 지진이 너무 크게 나서 지구가 멸망하는 이야기야.

헐! 정말요? 영화 제목이 뭔데요?

2012.

영화 〈2012〉에 나오는 현대판 노아의 방주

삼촌, 마야 사람들은 정말로 지구 멸망을 예언했던 거예요?

사실 그건 오해에서 비롯된 이야기야. 지금으로부터 약 2,000년 전, 중앙아메리카에서 번성한 마야 문명은 수학과 천문학이 매우 발달해 있었어. 특히 마야인들은 우리가 쓰는 태양력보다 훨씬 정교한 장주기 달력Long Count Calendar을 사용했지.

이 달력은 약 5,125년을 하나의 주기로 계산하는데, 그 주기의 마지막 날짜가 바로 2012년 12월 21일이었어. 그 날짜가 현대 달력으로 환산된 시점과 겹치다 보니, 일부 사람들이 이를 세상의 끝이라고 해석하면서 지구 멸망 예언으로 번진 거야. 하지만 실제로 마야인들은 그날을 끝이라기보다는 하나의 순환이 끝나고 새로운 순환이 시작되는 날로 여겼어. 즉, 종말이 아니라 새로운 주기의 첫날이었던 거지.

  재난 영화 속 기후환경 빼먹기

그럼, 마야인들 말고도 지구의 종말을 예언한 사람들이 또 있어요?

그럼 있지. 유명한 인물 중 하나가 바로 노스트라다무스Nostradamus
야. 들어본 적 있지? 16세기 프랑스에서 활동한 의사이자 점성술사였
던 그는 저서 『예언집Les Prophéties』에 4행시 형태의 예언을 수백 개나
남겼어. 그런데 워낙 표현이 모호하다 보니 읽는 사람 마음대로 해석하
게 되었지. 예를 들어 '하늘에서 불이 떨어진다'라는 구절을 어떤 사람
은 9·11 테러로, 또 다른 사람은 핵폭탄 투하로 해석하기도 했거든. 한
마디로 말하면 그냥 우연이라고 보면 되는 거지. 노스트라다무스가 예
언한 지구 멸망의 날짜는 1999년 7월이었는데, 봐봐. 너도 태어나서 이
렇게 멀쩡히 잘 살고 있잖아?

그렇다면 성경 속 노아의 방주도 만들어진 이야기예요?

완전히 상상만으로 만들어졌다고 보긴 어려워. 사실 전 세계에는 노
아의 방주처럼 세상이 물에 잠기고, 신이나 어떤 존재가 선택한 소수만
살아남는 대홍수 신화가 정말 많거든. 『성경』의 노아 이야기뿐만 아니
라 메소포타미아의 『길가메시 서사시』, 인도의 마누 신화, 중국의 대우
치수 전설, 그리고 아메리카 원주민들 사이에서도 비슷한 홍수 이야기
가 전해져 왔거든. 이렇게 서로 멀리 떨어진 지역에서 비슷한 이야기가
전해진다는 건 우연의 일치만은 아니겠지?

이러한 이야기들은 아주 오래전 인류가 실제로 겪었던 대홍수에서
비롯됐을 가능성이 높아. 약 1만 2천 년 전, 지구는 마지막 빙하기를 지

나 간빙기에 접어들면서 북반구에 쌓인 거대한 빙하들이 녹기 시작했어. 그 결과 해수면이 지금보다 무려 120m나 상승했지. 바닷가나 강가에 살던 사람들은 하루아침에 삶의 터전을 잃었을 테고, 그 충격은 마치 세상이 끝난 것처럼 느껴졌을 거야. 그때의 기억이 오랜 세월에 걸쳐 신화나 전설의 형태로 전해졌을 가능성이 있다는 거지.

그중에서도 대표적인 예가 바로 '흑해 대홍수 가설'이야. 지금으로부터 약 7,600년 전, 지중해의 수위가 올라가면서 바닷물이 보스포루스 해협을 통해 흑해로 밀려들어 갔다고 해. 당시 흑해는 민물이 고여 있

흑해와 보스포루스 해협 ⓒdoopedia

 재난 영화 속 기후환경 빼먹기

던 호수였는데, 그 수위가 하루에 최고 15cm씩 상승하면서 순식간에 주변 땅들이 잠겨버린 거지. 그와 같은 대재앙이 훗날 노아의 방주나 『길가메시 서사시』 같은 이야기로 전해졌을 수도 있다는 게 학자들의 추정이야.

그런데 과학자들은 또다시 비슷한 일이 일어날까 봐 걱정하고 있어. 지구온난화 때문에 남극과 북극의 빙하가 빠르게 녹고 있기 때문이지. 예측에 따르면 21세기 말에는 해수면이 최대 2m 이상 상승할 수도 있다고 해. 실제로 남태평양의 섬나라들이나 몰디브 같은 저지대 섬들은 이미 바닷물에 잠길 위기에 처해 있어. 만약 해수면이 10m 이상 상승한다면, 우리가 알고 있는 수많은 해안 도시는 물론이고 우리나라의 서해안과 남해안 대부분도 물에 잠길 거라는 전망도 나오고 있어.

그러니까 노아의 방주는 단순한 상상 속 이야기가 아니라, 인류가 실제로 겪었던 재난의 기억일 수도 있는 거야. 그리고 우리는 그런 일이 다시 일어나도 전혀 이상하지 않은 시대에 살고 있지.

영화에서는 태양 폭발로 지구가 엄청나게 뜨거워지던데, 그게 정말 가능해요?

음, 먼저 태양이 어떻게 에너지를 만들어내는지 알면 이해하기 쉬울 거야. 태양은 하루도 쉬지 않고 엄청난 양의 에너지를 만들고 있어. 이 과정을 핵융합Nuclear Fusion 반응이라고 해. 이는 가벼운 수소 원자들이 서로 결합해 헬륨으로 바뀌면서 큰 에너지를 방출하는 것을 뜻하지.

태양의 플레어 현상

이렇게 만들어진 에너지는 빛과 열, 입자의 형태로 태양에서 방출되고, 그 일부가 지구까지 도달해 지구를 따뜻하게 해 주는 거야.

영화에 플레어나 중성미자라는 용어가 나오던데, 그게 도대체 뭐예요?

우선, 플레어Flare는 태양 표면에서 마치 거대한 폭탄이 터지듯 에너지가 갑자기 폭발하는 현상을 뜻해. 이때 방출된 엄청난 에너지는 빛과 고에너지 입자 형태로 태양계 곳곳으로 퍼지지. 이런 입자들이 지구 대기의 산소나 질소와 부딪히면 오로라가 생기기도 하고, 에너지가 강할 경우 인공위성이나 통신 장비에 영향을 줘서 통신 장애를 일으킬 수도

 재난 영화 속 기후환경 빼먹기

있어. 심하면 지상 전력망까지 마비돼 정전이 발생하기도 하지.

실제로 1859년에 있었던 캐링턴 이벤트Carrington Event는 가장 강력한 태양 플레어로 기록되었어. 그때는 전신선에서 불꽃이 튀고, 전신망 전체가 마비될 정도였다고 하더라고.

한편, 중성미자Neutrino는 플레어와는 완전히 다른 입자야. 중성미자는 태양뿐 아니라 별이나 초신성, 우주 방사선은 물론, 심지어 우리 지구 안에서도 만들어지거든. 그런데 이 입자는 너무 작은 데다 아무것과도 상호작용을 하지 않는 특성이 있어. 마치 투명한 유령처럼 어떤 물질도 그냥 툭툭 통과해 버리지. 다시 말해, 중성미자는 이 순간에도 삼

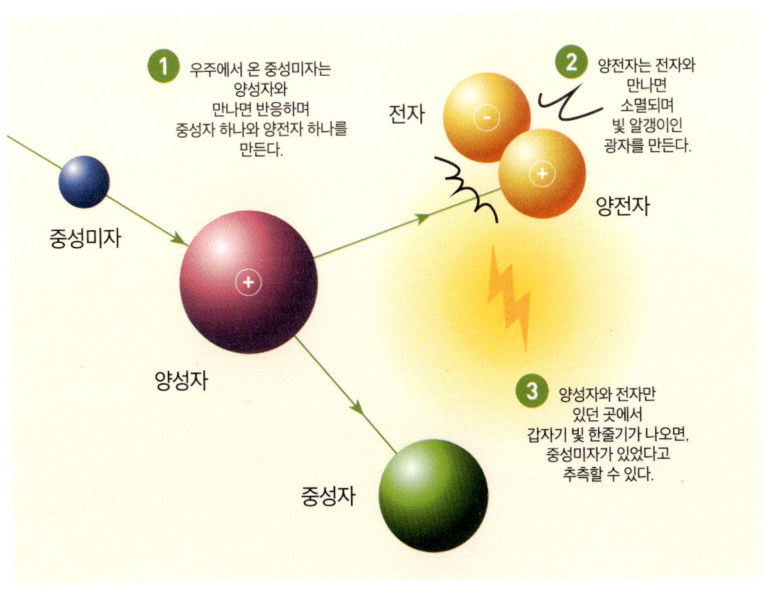

중성미자의 흔적 찾는 법

촌과 너, 그리고 지구를 아무런 저항 없이 지나가고 있는 거야.

매초 수십억 개의 중성미자가 우리 몸을 통과하고 있지만 우리는 그걸 전혀 느끼지 못해. 이게 바로 중성미자의 특징이지. 거의 모든 물질에 관심이 없는, 말 그대로 유령 같은 입자라고 보면 돼.

그런데, 영화 〈2012〉에 나오는 중성미자는 조금 다르게 묘사되고 있어. 영화에서는 태양 플레어가 너무 강해서 중성미자의 성질이 바뀌었다고 말하잖아. 그 중성미자들이 지구 중심부까지 파고들어 지구의 핵을 가열하고, 그 결과 지진과 화산 폭발이 일어난다는 설정이지. 하지만 이건 과학적으로는 거의 불가능한 이야기야. 지금까지 우리가 알고 있는 중성미자는 그렇게 강한 에너지를 전달하지 않을 뿐만 아니라, 물질을 가열하지도 않거든. 그저 영화의 상상력이라고 보고 넘기면 될 것 같아.

그렇다고 중성미자가 전혀 쓸모없는 입자는 아니야. 중성미자는 물질을 아무 방해 없이 통과한다고 했잖아? 이 특징을 이용해 지구 내부를 들여다보는 탐지 기술이나, 기존의 전파가 도달하지 못하는 심해나 지하 깊은 곳의 통신 기술에 쓸 수 있을 거라 기대하고 있거든.

영화에서 대륙이 갑자기 무너지고, 땅이 쪼개지던데요. 진짜 지구 안이 그렇게 위험한가요?

맞아. 지구 안쪽은 정말 위험하긴 해! 그렇다고 영화처럼 갑자기 쪼개질 정도는 아니지만 말이야. 지구 안을 들여다보면, 지각은 판Plate

 재난 영화 속 기후환경 빼먹기

지구 내부 구조

으로 나뉘어 있고, 이 판이 천천히 움직이면서 지진과 화산을 만들어 내지.

그럼, 판이 왜 움직이냐고? 그건 지구 내부의 맨틀Mantle이 안에서 끓듯이 움직이면서 지각을 조금씩 밀어내기 때문이야. 이런 과정을 우리는 판 구조운동Plate Tectonics이라고 불러. 물론 영화처럼 판이 세상을 뒤엎을 정도로 갑자기 움직이지는 않아. 판은 보통 1년에 1~10cm 정도 움직이는데, 이는 손톱 자라는 속도랑 비슷하거든. 하지만 이처럼 느린 움직임도 수백만 년, 수천만 년이 지나면 대륙이 이동하고, 바다가 생기고, 산맥이 솟아오르는 엄청난 변화로 이어지게 되지.

그런데 삼촌, 예전엔 모든 대륙이 한 덩어리였다는 게 사실이에요?

정확히 알고 있네! 그걸 초대륙 판게아Pangaea라고 하지. 약 3억 년 전, 지구에는 지금처럼 흩어진 대륙이 아니라 하나로 합쳐진 초대륙, 즉 판게아가 있었다고 해. 육지에는 엄청난 크기의 판게아가 있었고, 바다에는 판탈라사Panthalassa라는 바다가 있었지. 그리고 그때는 바다가 적고 육지가 엄청 넓었기 때문에 판게아 중심부는 사막과 같은 환경이었다고 해.

판게아라는 단어는 고대 그리스어로 '모든'이란 뜻의 'Pan'과 '땅'이란 의미의 'Gaia'가 합쳐져 '모든 땅'이란 뜻을 담고 있지. 이 단어는 1915년 독일의 과학자 알프레드 베게너Alfred Wegener가 대륙이동설을 주장하며 처음 사용했어. 그가 이렇게 주장한 이유는 아프리카 서쪽 해안과 남아메리카의 동쪽 해안이 퍼즐처럼 딱 맞아떨어졌을 뿐만 아니라, 지질학적으로도 매우 유사했기 때문이지. 또한, 두 지역에서는 유사한 고대 화석들이 발견되었고, 무엇보다 적도 지역에서 빙하의 흔적이 발견되었거든. 바로 이러한 증거들이 그의 주장을 뒷받침하는 근거였지.

그럼, 대륙이 왜 지금처럼 떨어진 건데요?

그게 바로 판 구조운동 때문이야. 지구 맨틀에서 뜨거운 물질이 솟아

  재난 영화 속 기후환경 빼먹기

올랐다가 식으면서 흐르고, 그 위에 떠 있는 판이 서서히 움직이기 시작한 거지. 그 결과 판게아가 갈라지면서 지금의 대륙이 된 거야. 판게아는 약 2억 년 전에 두 개로 쪼개졌어. 북쪽의 로라시아(북아메리카, 유럽, 아시아)와 남쪽의 곤드와나(아프리카, 남아메리카, 남극, 인도, 오스트레일리아)로 말이야. 그리고 시간이 흐르면서 오늘날의 5대양 7대륙이 형성된 거지.

여기서 알아둬야 할 사실은 7대륙에는 북극이 포함되지 않는다는 거야. 그 이유는 육지와 얼음으로 이루어진 남극과는 달리, 북극은 바다에 떠 있는 거대한 얼음덩어리에 불과하거든.

학교 선생님이 그러시는데, 대륙은 지금도 계속 움직이고 있대요. 그런데 우리는 왜 못 느끼는 걸까요?

맞아! 판은 계속 움직이고 있어. 하지만 1년에 약 1~10cm 정도만 움직이니 느끼지 못할 수밖에 없지. 지금도 아프리카판과 아라비아판이 멀어지면서 홍해가 점점 넓어지고 있고, 아프리카 대륙은 북쪽으로 이동하고 있어. 이런 변화가 계속되면 언젠가는 지중해가 사라질 수도 있을 거야.

대륙이 계속 움직이면 먼 미래에는 어떻게 되는데요?

과학자들은 앞으로 2억~3억 년 뒤에 새로운 초대륙이 다시 나타날 거라고 예상해. 그 근거는 초대륙 사이클Supercontinent Cycle, 즉 대륙

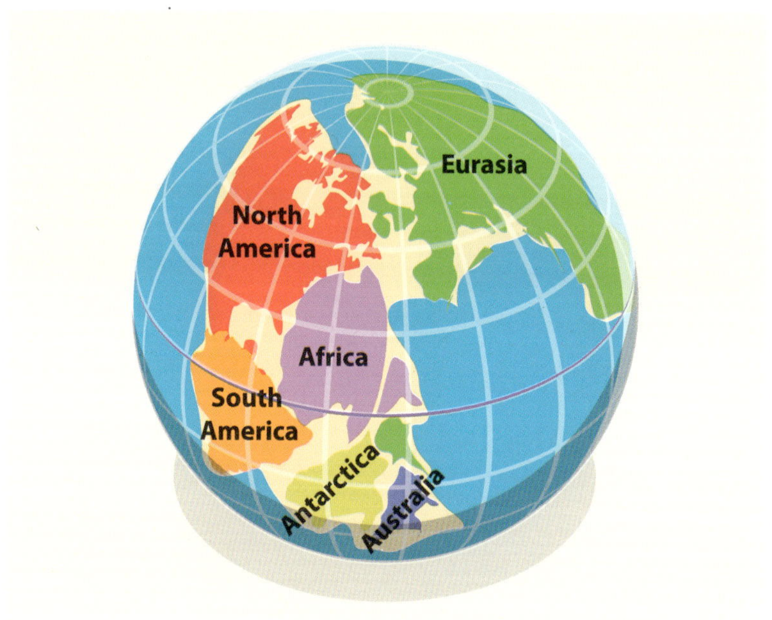

초대륙 판게아 모형

들이 주기적으로 합쳐졌다가 다시 흩어지는 현상 때문이지.

이렇게 초대륙이 형성되면 내륙은 바다에서 멀어지기 때문에 매우 덥고 건조해질 거야. 게다가 기후가 극단적으로 변하면서 대멸종이 발생할 위험도 커져.

새로 생겨날 수 있는 초대륙에는 다음과 같은 것들이 있어. 첫 번째로 예상되는 초대륙인 판게아 울티마Pangaea Ultima는 약 2억 5천만 년 후 아프리카와 유럽, 아시아가 하나로 합쳐지고, 거기에 아메리카 대륙까지 서서히 이동해 붙게 되는 형태야. 그 결과 대서양은 사라지고, 반

재난 영화 속 기후환경 빼먹기

대로 태평양은 커질 수도 있지.

두 번째는 아마시아Amasia로 북반구 쪽에 대륙이 집중되는데, 북극을 중심으로 아시아와 아메리카가 합쳐지고 남극이 혼자 고립되는 형태야.

마지막 세 번째는 노바판게아Novopangaea로 아메리카가 동쪽으로 움직이면서 유라시아와 충돌하고, 그로 인해 태평양은 점점 좁아지게 되지. 동시에 인도와 오스트레일리아는 아시아와 연결되는 형태라고 할 수 있어. ●

현대판 노아의 방주, 시드볼트

노르웨이 스발바르 시드볼트

『성경』에 나오는 노아의 방주는 거대한 홍수 속에서 살아남기 위해 만들어

진 마지막 희망의 방주였습니다. 그런데 이러한 방주가 현실에도 존재한

다는 사실, 알고 있나요? 바로 현대판 노아의 방주, 시드볼트Seed Vault입니다.

이 시드볼트는 전쟁, 기후 재앙, 식량 위기, 질병, 자연재해로부터 인류의 미래를 지키기 위해 만들어진 시설입니다. 이는 미래에 종자가 사라질 경우를 대비해, 농작물의 씨앗을 보관해 두는 인류 최후의 저장고라고 할 수 있습니다.

가장 유명한 시드볼트는 노르웨이의 스발바르Svalbard 국제 종자 저장고입니다. 이 저장고는 북극권에서 약 1,300km 떨어진 스발바르 군도 스피츠베르겐 섬에 있으며, 2008년에 개관했습니다. 스발바르는 '차가운 해변의 땅'이라는 뜻을 가지는데, 이곳은 영구 동토층과 단단한 화강암으로 되어 있어 지진이나 핵전쟁, 해수면 상승 같은 재난에도 안전한 장소로 평가받습니다. 내부는 -18℃로 유지되어 씨앗이 오랫동안 생존할 수 있는 최적의 환경입니다. 이곳에는 최대 450만 종, 24억 개의 씨앗을 저장할 수 있습니다.

실제로 2015년 시리아 내전으로 알레포 종자 은행이 파괴되었을 때 스발바르 시드볼트에서 씨앗을 꺼내 복원에 사용한 사례도 있습니다. 그만큼 이곳은 단순한 창고가 아니라, 인류의 생명을 지키는 최후의 금고라 할 수 있습니다.

우리나라에도 세계 최초로 국가가 직접 운영하는 종자 영구 저장시설이 있습니다. 바로 국립백두대간수목원 시드볼트입니다.

백두대간 중심인 경상북도 봉화군에 자리 잡은 이 시드볼트는 2018년에 문을 열었으며, 해발 650m, 지하 46m 깊이에 건설되었습니다. 노르웨이 스발바르 시드볼트와 마찬가지로 단단한 화강암 지층 위에 세워져 외부 충격에 강하고, 내부는 -20℃ 이하로 유지되어 씨앗의 장기 보관에 최적화된 시설입니다.

또한, 이곳은 최대 200만 종의 종자를 저장할 수 있으며, 한반도의 토종 식물과 멸종위기종을 중심으로 보존하고 있습니다. 백두대간이라는 지리적 특성 덕분에 한국 고유의 생물다양성을 지키는 연구 거점이자, 기후변화 대응의 핵심 시설로서 중요한 역할을 할 것으로 기대되고 있습니다. ●

 재난 영화 속 기후환경 빼먹기

우리나라 경북 봉화에 있는 시드볼트

대홍수를 대비해 제작된 방주에 타게 된다면, 여러분은 무엇을 가장 가져가고 싶나요? 그 이유는 무엇인가요?

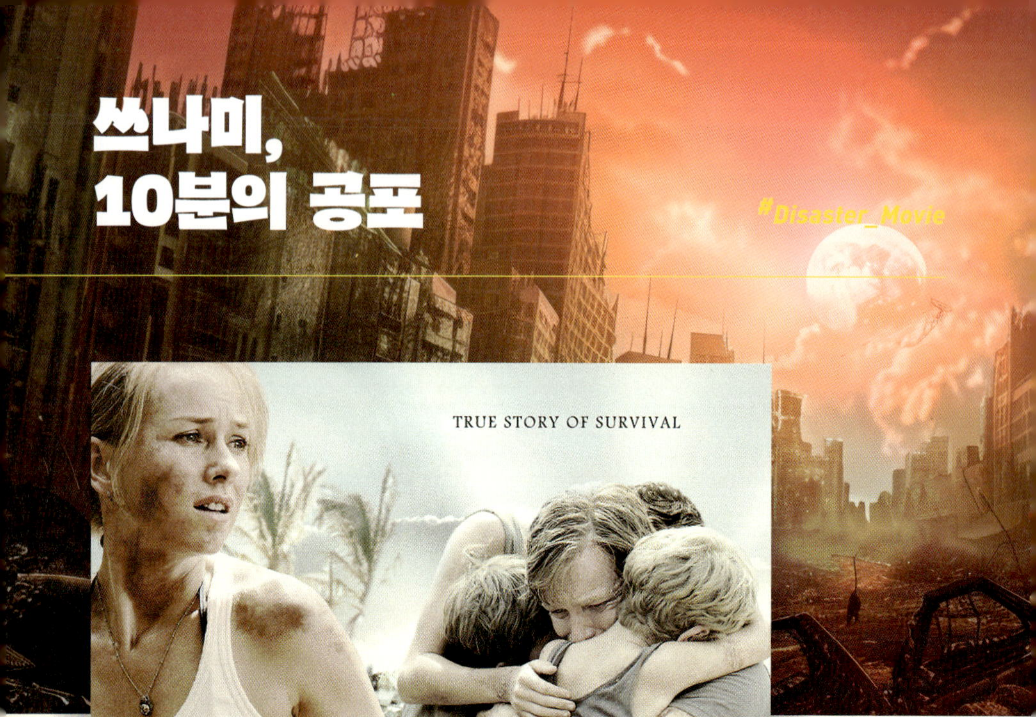

쓰나미, 10분의 공포

#Disaster_Movie

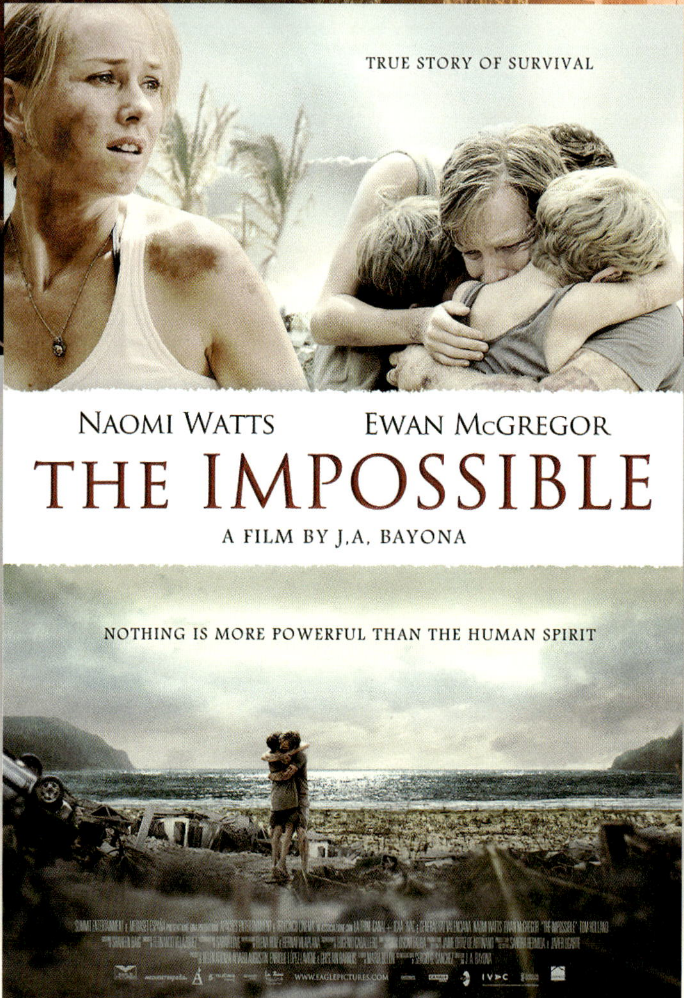

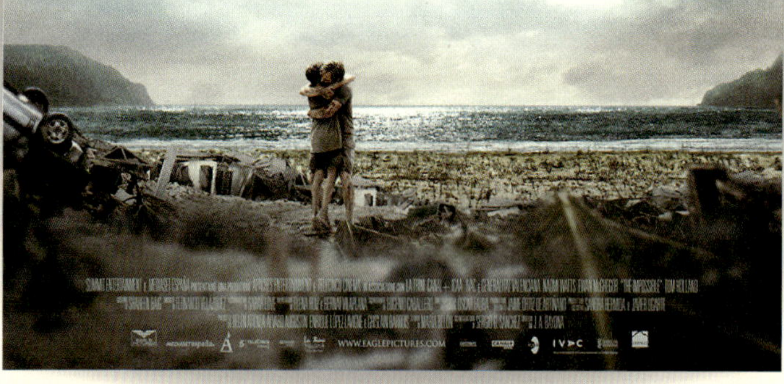

영화 〈더 임파서블〉

(2012)

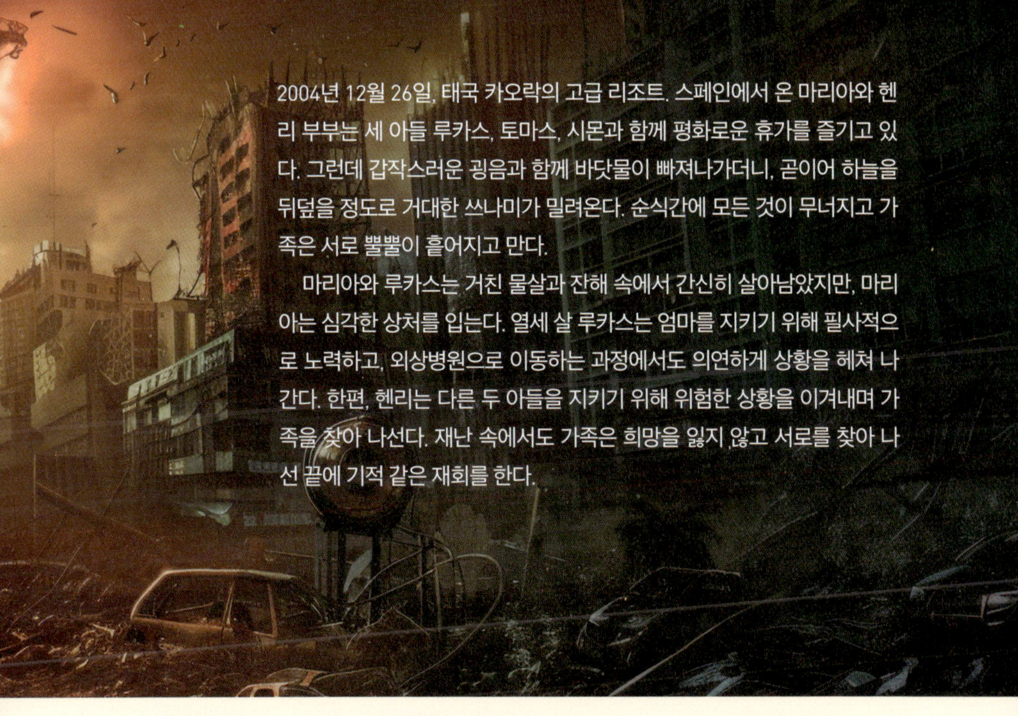

삼촌과 워터파크에 놀러 온 민규는 파도풀에서 신나게 물놀이를 즐기다 갑자기 밀려온 파도에 그만 물을 먹고 말았습니다.

푸헉! 삼촌, 나 물 먹었어요!
깊은 데까지 가니까 그렇지!

삼촌, 파도가 갑자기 밀려와서 피할 새가 없었다니까요!
알았어. 그런데 실제로 도시 전체를 삼킬 만큼 거대한 파도가 생긴 적도 있어. 2004년에 실제로 일어난 일인데, 그때 발생한 대지진과 초대형 쓰나미를 바탕으로 영화까지 만들어졌을 정도였지.

파도가 도시 전체를 덮친다고요?

너도 한 번쯤 들어봤을 텐데, 쓰나미Tsunami라고 말이야. 우리나라 말로는 지진해일이라 하지. 쓰나미란 말은 일본어로 '항구의 물결'이란 뜻을 지니고 있어. 이는 바닷속 지진이나 화산 폭발 같은 엄청난 에너지로 인해 거대한 물결이 순식간에 밀려드는 현상을 뜻해. 자, 이제 물놀이는 그만하고 쓰나미가 얼마나 무서운지, 영화로 한 번 확인해 볼까?

영화 〈더 임파서블〉의 한 장면

와! 정말 쓰나미 위력이 대단하네요. 그런데 쓰나미는 어떻게 발생하는 쓰나미는 대부분 해저 지진 때문에 발생해. 지구의 표면은 여러 개의 커다란 지각판으로 나뉘어 있다고 설명했던 거 기억하지? 그런데 이 판들은 서로 밀고 당기며 움직인다고 했잖아. 그러다 갑자기 '탁'하고 어긋나는 경우가 있어. 그렇게 되면 바로 큰 지진이 발생하는 거야. 그때 바닥이 갑자기 솟아오르거나 가라앉으면서 그 위에 있던 바닷물도 순식간에 위로 밀려 올라가거나 아래로 쓸려 내려가는 거지. 이러한 움직임은 결국 바다 위에 거대한 파동을 만들어내. 이 파동은 깊은 바다에서는 별로 높지 않은 물결처럼 보이지만, 시속 700km의 엄청난 속도로 빠르게 이동하지.

그렇다면 이 파동이 해안으로 다가오면 어떻게 될까? 바다 바닥이 얕아질수록 파동의 속도는 느려지지만, 대신 물의 높이는 높아질 거야. 결국 수십 미터에 이르는 거대한 물 벽이 해안을 강타하게 되겠지. 이러한 현상을 '천수淺水 현상Shoaling'이라고 하는데, 말 그대로 얕은 물에서 나타나는 현상을 뜻해.

여기서 파랑이란 말과 약간 혼동할 수 있는데, 두 단어는 다음과 같이 구분할 수 있어. 파랑Wave은 바람, 지진 등의 영향으로 해상에 발생하는 주기적인 물결을 의미하고, 이 파동이 얕은 해역에 들어와 마찰로 높이가 커지는 걸 천수 현상이라 보면 돼.

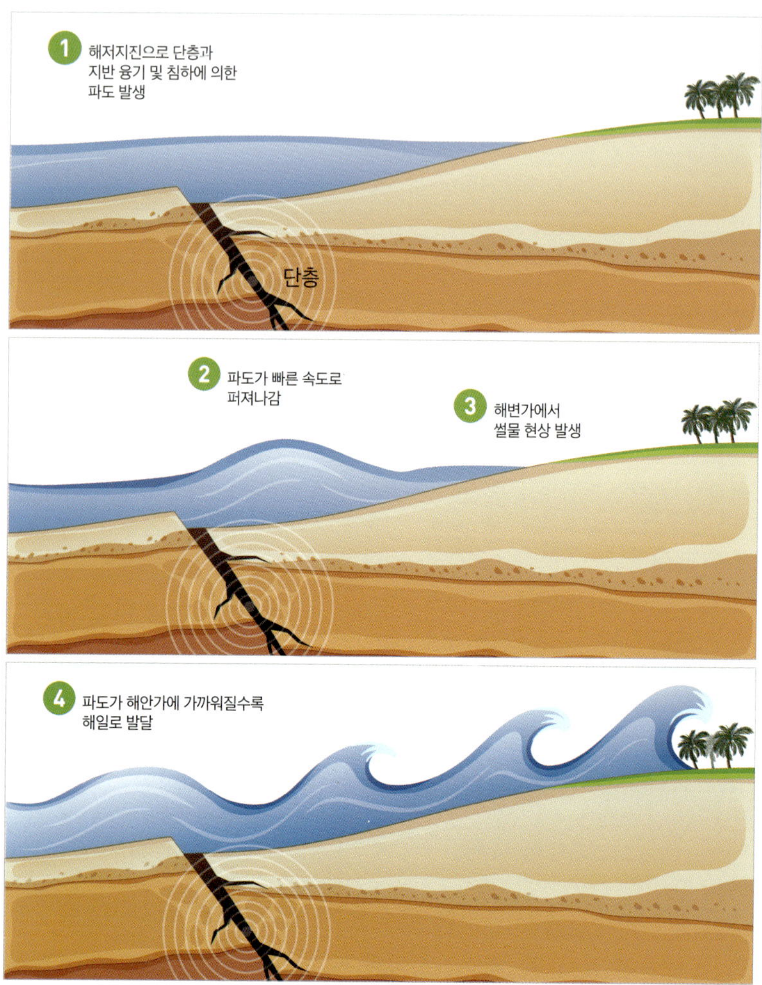

쓰나미 발생 과정

"오늘은 너울성 파도가 심하니 특별히 조심하시기 바랍니다."라는
기상 캐스터의 멘트를 한 번쯤 들어본 적이 있을 거야. 여기서 말하는

 재난 영화 속 기후환경 빼먹기

너울Swell은 해안에서 멀리 떨어진 바다에서 발생한 파랑이 해안까지 전달되는, 파장이 길고 규칙적인 파도를 뜻해. 다시 말해, 너울은 파랑의 한 종류라고 할 수 있어. 간혹 먼바다에서 생성된 잔류 파랑(너울)이 해안에 도달하면 갑자기 큰 파도로 변하기도 하지.

영화가 실화를 바탕으로 제작되었다고 하던데, 인도양에서 실제 쓰나미가 발생했던 거예요?

맞아. 2004년 12월 26일 아침, 인도네시아 수마트라섬 앞바다에서 지구 역사상 네 번째로 강력한 지진이 발생했어. 규모 9.1의 거대한 해저 지진이었지. 바닷속에서 두 개의 판이 충돌하면서 해저가 수십 미터나 솟아오르거나 꺼졌고, 바닷물도 갑자기 위로 튀어 오르면서 거대한 쓰나미가 발생했던 거야.

처음 해안에서는 바닷물이 갑자기 빠져나가 바닥이 드러날 정도였다고 하더라고. 사람들은 신기해하며 바다로 걸어 들어가기도 했지. 하지만 그게 마지막 경고였어. 수십 미터 높이의 검은 파도가 순식간에 몰려와 인도양 주변 10여 개국을 그대로 휩쓸어 버렸거든.

그 위력은 우리의 상상을 초월했어. 희생자 수만 약 23만 명에 달했고, 최대 파도 높이는 무려 30m에 이르렀어. 또한, 비행기와 맞먹는 속도로 이동해 몇 시간 만에 수천 km 떨어진 아프리카 해안까지 영향을 미쳤어. 당시 쓰나미로 마을과 도시가 완전히 사라진 곳도 많았고, 희생자의 3분의 1이 아이들이어서 안타까움이 더 컸지. 이 사건으로 쓰나

2004년 인도양 쓰나미 피해 현장 ⒸUNESCO

미 경보 시스템의 필요성이 전 세계적으로 다시 조명되었어.

삼촌, 영화에서는 파도가 마치 거대한 벽처럼 밀려오던데, 현실에서도 그래요?

영화 속 쓰나미의 모습은 사실 조금 과장된 표현이야. 실제 쓰나미는 갑자기 바닷물이 빠져나가면서 해안 바닥이 드러나는 현상이 먼저 나타나거든. 그리고 곧이어 엄청난 물살이 빠른 속도로 육지 쪽으로 밀려들어오지.

처음 밀려오는 물살도 무섭지만, 더 무서운 건 이 파도가 한 번으로 끝나지 않고 여러 차례 반복된다는 점이야. 영화에서는 한 번에 도시 전체를 덮치는 것으로 그려지지만, 현실의 쓰나미는 파도와 파도 사이에 시간이 있고, 그 파도가 몇 시간에 걸쳐 이어지는 경우가 많아.

게다가 영화에서는 주인공이 수영으로 살아남지만, 현실에서는 거의 불가능해. 쓰나미는 단순한 물의 덩어리가 아니라, 부서진 건물 조각, 나무, 차량, 유리, 철근 같은 온갖 잔해를 함께 몰고 오거든. 그런 파도에 휩쓸리면 몸이 부딪히고 베이는 건 물론이고, 숨쉬기도 어려워서 제대로 헤엄치기조차 힘들어. 그래서 쓰나미가 발생하면 절대 바다 쪽으로 다가가지 말고, 최대한 빠르게 높은 곳으로 대피해야 해.

쓰나미가 비행기 속도만큼 빠르다고 했잖아요? 그런데 물속에서는 어때요?

빛의 속도는 진공에서는 초속 30만km이지만, 물속에서는 약 25% 정도 느려진다고 해. 그래서 물속에서는 초속 약 22만 5천km 정도로 움직이지.

그런데 흥미로운 점이 있어. 쓰나미의 이동 속도는 빛의 속도에 비하면 실제론 비교도 안 될 만큼 느리지만, 물속에서는 오히려 빛보다 훨씬 빠르게 느껴진다는 거야. 그 이유는 빛은 물속에서 조금 느려지지만, 쓰나미의 파괴력은 멀리까지 거의 줄지 않고 그대로 전달되기 때문이지.

그렇게 큰 지진이 일어나면 지구가 흔들린다고 했잖아요. 혹시 지구의 자

오! 그거 정말 좋은 질문이야! 사실 2004년 인도양 쓰나미를 일으킨 지진으로 인해 지구의 자전 속도가 조금 변했거든. 당시 지진의 영향으로 지구 내부의 질량이 재배분되면서 무게 중심이 약간 이동했기 때문이지.

회전하는 물체는 질량이 중심에 가까워지면 더 빨리 도는 거 알지? 김연아 선수가 팔을 몸에 붙이고 회전하면 점점 빨라지는 것과 같은 원리야. 이런 현상을 좀 어려운 말로 '관성모멘트Moment of Inertia'라고 하는데, 이는 각운동량과도 밀접하게 연관되어 있어. 외부에서 힘이 가해지지 않는다면 회전의 세기(각운동량)는 일정하다는 각운동량 보존 법칙이야.

$$\text{각운동량}(L) = \text{관성모텐트}(I) \times \text{각속도}(\omega)$$

이 공식에서 관성모멘트(I)가 작아지면 각속도(ω)는 커져야 각운동량(L)이 일정하게 유지된다는 거지. 그래서 김연아 선수가 팔다리를 몸 안쪽으로 모으면 관성모멘트가 작아지고, 그 결과 회전 속도가 빨라지는 거야.

이와 같은 원리로 지진 당시 지구의 자전 속도가 아주 미세하게 빨라진 거야. 실제로 하루가 약 2.68마이크로초 정도 짧아졌다고 하더라고. 물론 우리는 체감할 수는 없지만, 결과적으로는 쓰나미가 시간을 바꾼

관성모멘트

셈이지.

그럼, 지진 말고 쓰나미를 발생시키는 다른 요인도 있어요?

빙하가 쓰나미를 일으키기도 해. 이를 '빙하 쓰나미'라고 하는데, 실제로 1958년 알래스카 리투야 만Lituya Bay에서 그런 일이 있었어. 당시 900m 절벽에서 거대한 빙하와 바위가 바다로 떨어졌는데, 그 충격으로 생긴 파도가 무려 524m나 치솟았다고 해. 이는 555m인 롯데타워와 맞먹는 높이지.

지금도 기후변화로 극지방의 빙하가 빠르게 녹고 있어서, 이런 붕괴

원전 사고를 다룬 넷플릭스 드라마 〈더 데이스〉의 한 장면

가 일어나면 국지적인 대형 쓰나미가 발생할 수도 있어. 남극이나 그린란드에서는 특히 주의해야겠지.

지금까지 일어난 쓰나미 중에서 가장 강력한 쓰나미는 뭐예요?

1960년 5월 22일, 칠레 발디비아에서는 역사상 가장 강력한 지진이 발생했어. 규모는 무려 9.5였지. 지진 발생 직후 거대한 쓰나미가 칠레 해안 마을을 덮쳤어. 하지만 재앙은 거기서 끝나지 않았어. 쓰나미는 태평양 전역으로 퍼져 나갔고, 15시간 후에는 하와이, 22시간 후에는 일본과 필리핀, 심지어 뉴질랜드와 미국 서해안까지 영향을 미쳤거든. 이는 쓰나미가 지구 반 바퀴를 돌아도 에너지가 상당 부분 유지된다는

  재난 영화 속 기후환경 빼먹기

사실을 보여준 역사적 사례라 할 수 있지.

또한 2011년 3월 11일에는 일본 도호쿠 지방 앞바다에서 규모 9.0의 강진이 발생했어. 지진 직후 곧바로 대피령이 내려졌지만, 최고 40m에 이르는 쓰나미가 방파제를 넘어 마을과 도시를 순식간에 덮쳐 버렸지. 그로 인해 약 18,000명 이상이 사망하거나 실종됐고, 후쿠시마 제1 원전이 파괴되는 초유의 사태가 벌어졌어. 방사능 유출로 현재까지도 사람들이 살 수 없는 지역이 생겨났고, 일본 사회와 주변국들은 여전히 그 여파를 겪고 있어. 당시 피해 규모는 약 260조 원에 이르는 것으로 추정돼.

삼촌, 우리나라에도 쓰나미가 올 수 있어요?

그럼. 실제로 발생한 적도 있어. 1983년, 일본 니가타 앞바다에서 규모 7.7의 강진이 일어나면서 동해에 쓰나미가 밀려왔거든. 당시 동해안에는 최대 4.2미터 높이의 파도가 덮쳤고, 여러 피해가 발생했을 뿐 아니라 안타깝게도 사망자도 있었어.

우리나라는 지진이 잦은 일본과 가까워서 쓰나미 위험에서도 완전히 안전하다고는 할 수 없지. 지진이 발생하면 수 시간 안에 쓰나미가 도달할 수 있기 때문에 항상 경계심을 갖는 게 중요해.

그럼, 이러한 쓰나미도 미리 예측할 수 있어요?

당연히 가능하지. 쓰나미는 해저 지진이나 산사태처럼 해수면이 갑

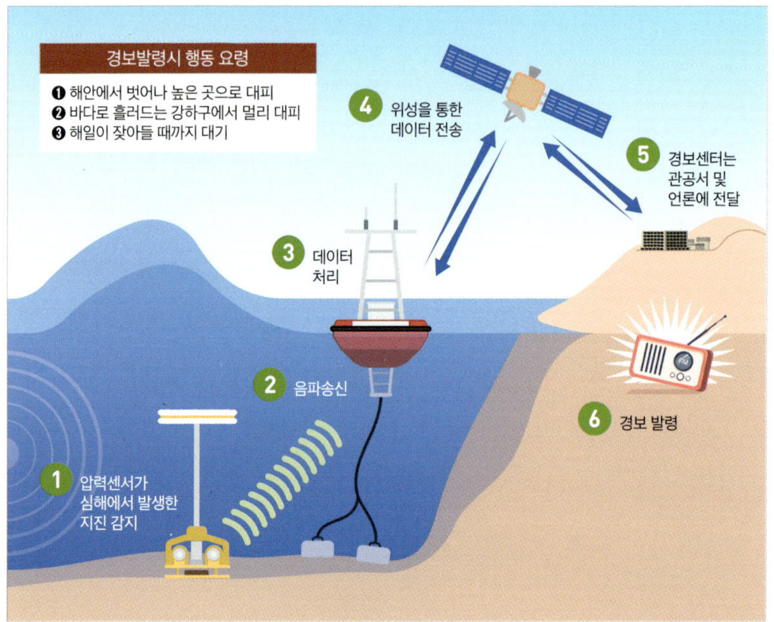

지진해일 경보 시스템

자기 올라가거나 변형될 때 발생한다고 했잖아. 그래서 쓰나미를 예측하거나 경보를 발령하는 시스템도 그런 원리를 바탕으로 작동해. 보통은 다음과 같은 과정을 통해 이루어지지.

첫 번째 단계는 지진을 감지하는 과정이야. 세계 곳곳에 설치된 지진계를 통해 지진파를 감지하지. 지진파는 크게 P파와 S파로 나뉜다고 학교에서 배웠지? P파는 빠르지만 피해가 적고, S파는 느리지만 더 강한 흔들림을 일으켜. 따라서 P파를 먼저 감지해 쓰나미 발생 가능성을 판단하고 대응할 시간을 확보하는 게 중요해.

 재난 영화 속 기후환경 빼먹기

두 번째 단계는 해수면 변화를 감지하는 과정이야. 해저에는 DART 라는 해저 압력계가 설치되어 있는데, 이 장치는 수압의 급격한 변화를 탐지해. 갑작스러운 수압 상승은 쓰나미가 발생했음을 뜻할 수 있거든.

마지막으로, 앞에서 수집한 데이터를 바탕으로 슈퍼컴퓨터를 이용한 시뮬레이션과 예측이 이뤄져. 이후 기상청 해일 경보센터에서 경보를 발령하고, 해양경찰청이 현장 대응과 구조 작업을 맡게 되는 거지. ●

재앙을 먼저 아는 동물들

2004년 인도양에서 쓰나미가 발생했을 때, 사람들이 경고를 듣기도 전에 코끼리, 개, 새 같은 동물들이 먼저 고지대로 이동하거나 울부짖는 등 이상 행동을 보였다고 합니다. 심지어 바닷속 돌고래조차 이를 감지하고 먼바다로 헤엄쳐 나갔다고 하지요. 쓰나미가 닥치기 전, 영화에서처럼 새들이 갑자기 하늘 위로 날아오르는 장면도 실제로 보고된 적 있습니다.

그렇다면 동물들은 어떻게 사람보다 먼저 쓰나미를 감지할 수 있을까요?

첫 번째 방법은 초저주파Infrasound 감지입니다. 지진이 발생하면 초당 20회 이하로 진동하는 극저주파 소리가 공기나 지면을 통해 퍼집니다. 사람은 이를 들을 수 없지만, 코끼리나 고래, 비둘기 등 일부 동물은 이런 초저주파를 감지할 수 있습니다. 특히 코끼리는 발바닥과 귀를 이용해 지면의 미세한 진동과 소리를 민감하게 포착합니다.

두 번째는 정전기 감지입니다. 지진이 나기 전, 지각이 미세하게 뒤틀리거나 균열하면서 암석 속 석영 같은 광물에서 전하가 분리되고, 그로 인해 지표면과 대기 사이에 정전기가 발생하는 것으로 추정됩니다. 이때 공기가 전리(이온화)되면서 전기 전도율이 높아지고, 냄새나 피부 감각에도 변화가 생깁니다. 동물들은 이처럼 미묘한 대기 변화에 민감하게 반응합니다. 특히 개구리, 도마뱀 같은 양서류는 피부를 통해, 새들의 일부는 대기의 전기장 변화를 통해 이를 감지한다고 알려져 있습니다. 이러한 변화가 감지되면 동물들은 무리를 이탈하거나 갑자기 날아오르는 등 이상 행동을 보이기도 합니다.

세 번째는 지반 진동 감지입니다. 지진이 발생하면 가장 먼저 도달하는 진동파Primary Wave(P파)가 지면을 타고 빠르게 퍼져 나갑니다. 이 진동은 사람이 느끼기 어려울 정도로 미세하지만, 고양잇과 동물, 개, 설치류, 곤충 등은 이를 민감하게 감지해 위험을 예측하고 피할 수 있습니다. 이는 본능적인 생존 반응이라 볼 수 있습니다.

네 번째는 지하 기체와 화학물질 감지입니다. 지진 전에는 암석에 미세한 균열이 생기면서, 지하에 있던 라돈가스, 이산화탄소, 황화수소 같은 기체가 방출될 수 있습니다. 공기 중 화학 성분이 갑자기 바뀌면, 동물들은 후각이

지진의 사전 징후들 ⓒ매일경제

나 피부 감각을 통해 이를 감지할 수 있습니다. 실제로 라돈가스 농도가 높아졌을 때 개구리들이 집단으로 도망치거나, 강아지가 불안정한 행동을 보였다는 사례가 보고되기도 하였습니다.

마지막은 지자기장의 변화 감지입니다. 지진이 발생하기 전에는 암석의 움직임과 지각 속 힘의 변화로 인해 지구 자기장에도 미세한 변동이 생기는 것으로 알려져 있습니다. 철새, 바다거북, 비둘기 같은 동물들은 지자기장을 나침반처럼 이용해 방향을 잡는데, 지자기장에 이상이 생기면 방향 감각에

 재난 영화 속 기후환경 빼먹기

혼란을 겪을 수 있습니다. 실제로 일본에서는 쓰나미 발생 직전 비둘기들이 방향을 잡지 못하고 혼란스러운 움직임을 보였다는 보고도 있습니다. ●

오늘날 우리는 인공지능으로 지진을 예측하고, 해양 센서로 쓰나미를 감지할 수 있는 기술을 갖추고 있습니다. 그렇다면 하늘, 동물, 바람 같은 자연의 신호를 배우고 관찰할 필요가 없어질까요? 여러분의 생각은 어떤가요?

토네이도의 힘

영화 〈트위스터〉
(1996)

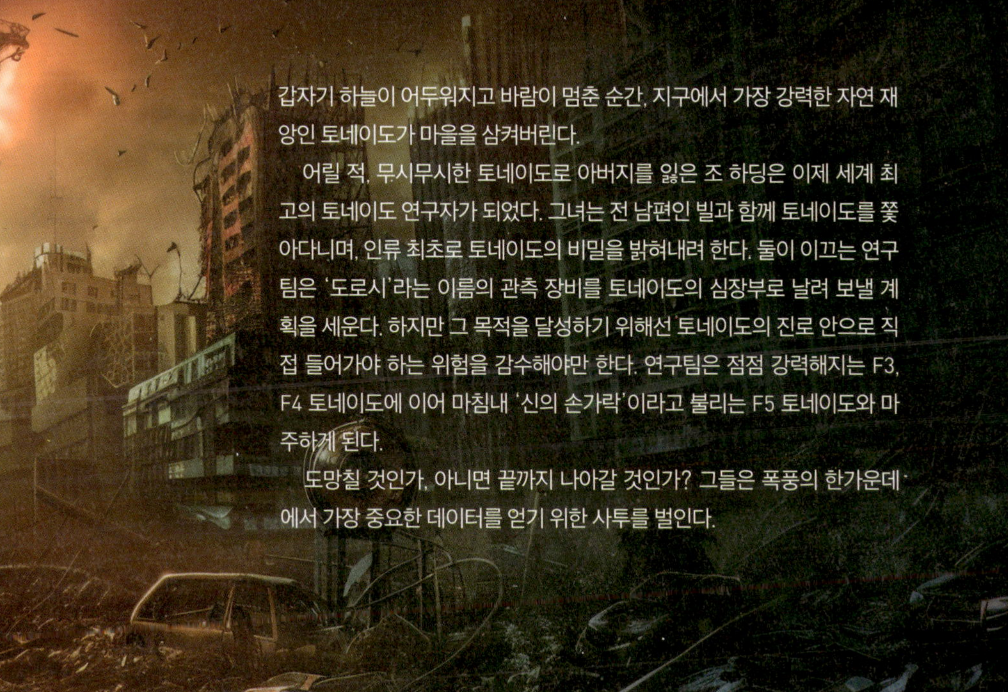

　오늘은 민규와 놀이공원에 다녀왔습니다. 자이로 스핀을 탄 민규가 어지럽다며 난리입니다.

삼촌, 아직도 세상이 빙글빙글 돌아가는 것 같아요!
녀석. 작은 토네이도 한 번 경험했구먼!

에이 삼촌, 그건 그냥 놀이기구잖아요. 토네이도랑은 다르죠!
물론 그렇지. 하지만 네가 탄 놀이기구처럼 공기가 엄청나게 빠르게 돌면 토네이도랑 다를 바 없는걸!

영화 〈트위스터〉의 한 장면

영화 제목이 트위스터라고 되어 있던데, 삼촌이 말한 토네이도랑은 다른 거예요?

아니, 둘은 같은 말이야. 과학 분야에서는 공식적으로 토네이도Tornado라는 말을 사용하고, 평소에는 그냥 트위스터Twister라고 부르는 거야.

그런데, 토네이도는 F5가 최고 등급이에요?

맞아. 토네이도는 후지타 스케일Fujita-Scale이라는 기준으로 등급을 매기는데, F0부터 F5까지 있어. 그중 F5는 가장 강력한 토네이도로, '신의 손가락Finger of God'이라 불릴 정도야. 무려 시속 500km가 넘는 바람 때문에 트럭도 날아가고 철근 콘크리트 건물도 무너뜨릴 수 있지.

참고로 이 스케일은 후지타 교수가 시카고대학의 교수 시절 제안한

 재난 영화 속 기후환경 빼먹기

것으로, 현재는 2007년에 개량된 EFEnhanced Fujita-Scale을 주로 사용하고 있어.

등급 (F Scale)	풍속 (F Scale)	피해 정도	개량 등급 (EF Scale)
F0	<116km/h	굴뚝이나 나뭇가지가 부러지거나 뿌리가 얕은 나무나 표지판이 넘어질 수 있음	EF-0<136km/h
F1	116-180km/h	나무뿌리가 뽑히고 이동주택이 뒤집어짐. 주행 중인 자동차가 길 밖으로 밀려남	EF-1137-176km/h
F2	181-253km/h	지붕이 날아가고 이동주택은 파괴됨, 큰 나무도 뿌리 뽑히거나 부러짐.	EF-2177-216km/h
F3	254-332km/h	단단하게 지어진 건물의 지붕과 벽이 붕괴. 유조차나 트레일러 같은 큰 차량도 넘어짐	EF-3217-264km/h
F4	333-419km/h	단단하게 지어진 건물도 완전 붕괴, 약한 기초 위에 지어진 건물은 날아감,	EF-4265-320km/h
F5	420-509km/h	단단하게 지어진 건물도 무너지고 자동차는 100m 이상 날아감	EF-5320km/h -

토네이도 등급별 풍속과 피해 정도

1999년 미국 오클라호마주에서 발생한 F5 토네이도는 실제로 철로된 물탱크를 무려 1.5km 떨어진 곳까지 날려버렸고, 1989년 방글라데시에서 발생한 F4 토네이도는 수천 채의 벽돌집을 무너뜨려, 그 잔해가 수 킬로미터 밖까지 날아가기도 했지.

토네이도가 아무 데서나 발생하는 건 아니야. 따뜻하고 습한 공기와 차갑고 건조한 공기가 부딪치는 지역에서 주로 만들어지거든. 대표적인 곳이 미국 중서부의 이른바 '토네이도 앨리Tornado Alley'로 불리는 지역이지.

이곳은 성질이 다른 세 가지 공기가 한데 만나는 특별한 지역이야. 먼저 멕시코만에서 올라오는 따뜻하고 습한 공기는 가벼워서 위로 상승하려 하고, 로키산맥에서 내려오는 차갑고 건조한 공기는 무거워서 아래에 깔리려 하지. 여기에 캐나다에서 내려오는 아주 차갑고 무거운 북극 공기까지 더해지면, 이 서로 다른 공기들이 미국 중서부 대평원에서 한꺼번에 충돌하게 되는 거야.

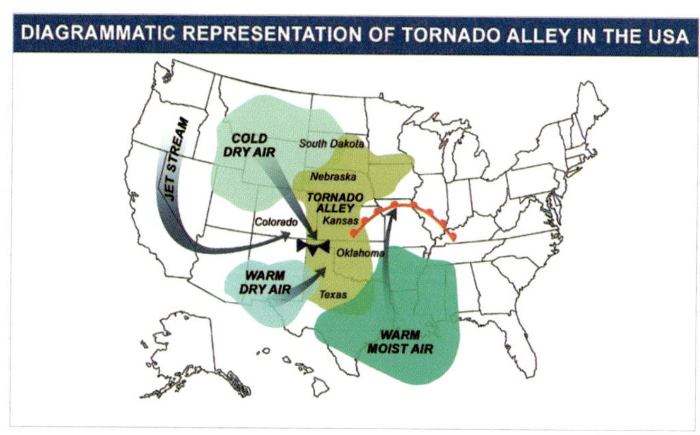

토네이도 앨리

게다가 이 지역은 탁 트인 대평원이라 서로 다른 공기층이 쉽게 만날 수 있는 지형적 특징도 있어. 토네이도는 이런 조건이 잘 갖춰지는 4월부터 6월 사이에 자주 발생하지. 그런데 최근에는 기후변화의 영향으로 토네이도 발생 지역이 점점 미국 남부 쪽으로 이동하고 있다고 해.

반면 산지가 많은 우리나라는 이런 조건이 잘 형성되지 않아서 토네이도가 드물게 나타나. 어찌 보면 정말 다행인 셈이지.

그런데 토네이도는 어떻게 공기만으로 그렇게 무거운 물건들을 멀리 날릴 수 있어요?

그 이유에는 몇 가지가 있어. 첫째는 바로 엄청난 바람의 속도야. 토네이도 안에서 부는 바람이 얼마나 빠를 것 같아? 가장 강력한 F5 등급의 경우, 시속 500km를 넘기도 해. 이 바람의 위력은 네가 곧 학교에서 배우게 될 운동 에너지 개념과도 관련이 있어. 운동 에너지(E)는 다음과 같은 공식으로 나타낼 수 있지.

$$운동\ 에너지(E) = \tfrac{1}{2} \times 질량(m) \times 속도^2(v^2)$$

여기서 중요한 건 속도가 조금만 빨라져도 에너지는 훨씬 더 많이 늘어난다는 점이야. 예를 들어, 속도가 2배, 3배로 커지면, 에너지는 4배, 9배로 커지거든. 그래서 토네이도의 빠른 바람은 무시무시한 파괴력을 갖게 되는 거야.

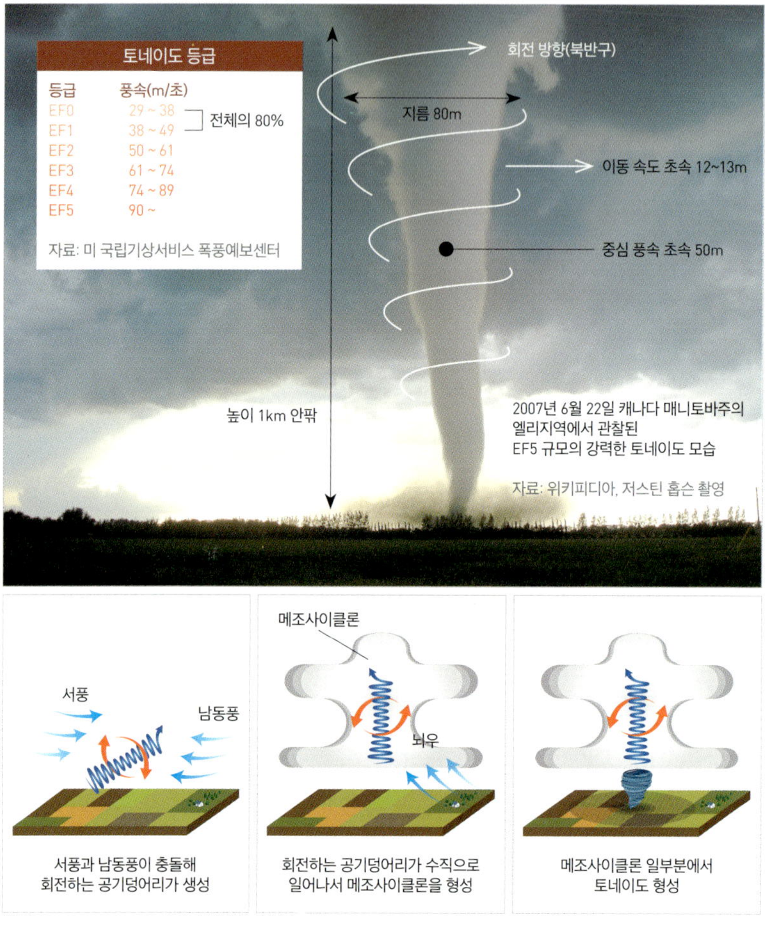

토네이도의 등급과 생성과정 ©미 해양대기국NOAA

둘째는 기압 차이 때문이야. 토네이도 내부는 주변보다 기압이 훨씬 낮아서 바깥 공기를 중심 쪽으로 강하게 빨아들여. 마치 페트병에 빨대를 꽂아 세게 빨면 병이 찌그러지는 것처럼 말이야. 이렇게 낮은 기압

 재난 영화 속 기후환경 빼먹기

은 외부의 공기를 안으로 끌어당길 뿐 아니라, 자동차나 지붕 같은 구조물까지 통째로 들어 올릴 수 있어.

이러한 현상은 단순한 기압 차이 때문만은 아니야. 공기의 흐름과 압력 변화라는 물리 법칙과도 깊은 관련이 있지. 토네이도를 둘러싼 강한 회오리바람은 공기가 물체의 표면을 따라 빠르게 흐르게 해서 그 부분의 압력을 낮추거든. 그러면 압력이 상대적으로 높은 반대쪽에서 물체를 위로 밀어 올리는 힘이 발생하는 거지.

이처럼 공기가 빠르게 흐를수록 압력이 낮아지고, 그 압력 차이 때문에 물체가 움직이거나 공중에 뜨게 되는 현상을 '베르누이 법칙Bernoulli Principle'이라고 해. 이 법칙은 토네이도뿐만 아니라, 비행기가 하늘을 나는 원리와도 연결되는 아주 중요한 개념이니 꼭 기억해 둬.

세 번째 이유는 토네이도의 바람이 단순히 회전만 하는 것이 아니라 위로도 강하게 끌어올린다는 점이야. 토네이도는 그냥 옆으로만 도는 게 아니라, 땅에서 하늘로 향하는 강한 상승 기류Updraft가 발생하거든. 이 상승 기류가 세게 일어나면, 시속 500km로 부는 회오리바람이 그대로 위로 솟구치면서 차나 나무, 심지어 집까지 공중으로 들어 올릴 수 있지.

그런데 토네이도랑 태풍, 허리케인은 뭐가 달라요? 바람이 세게 불고 간혹 사람도 날려버릴 정도로 강하다는 건 비슷해 보이는데요?

겉보기에는 비슷해 보여도 실제론 완전히 달라. 생기는 원리부터 크

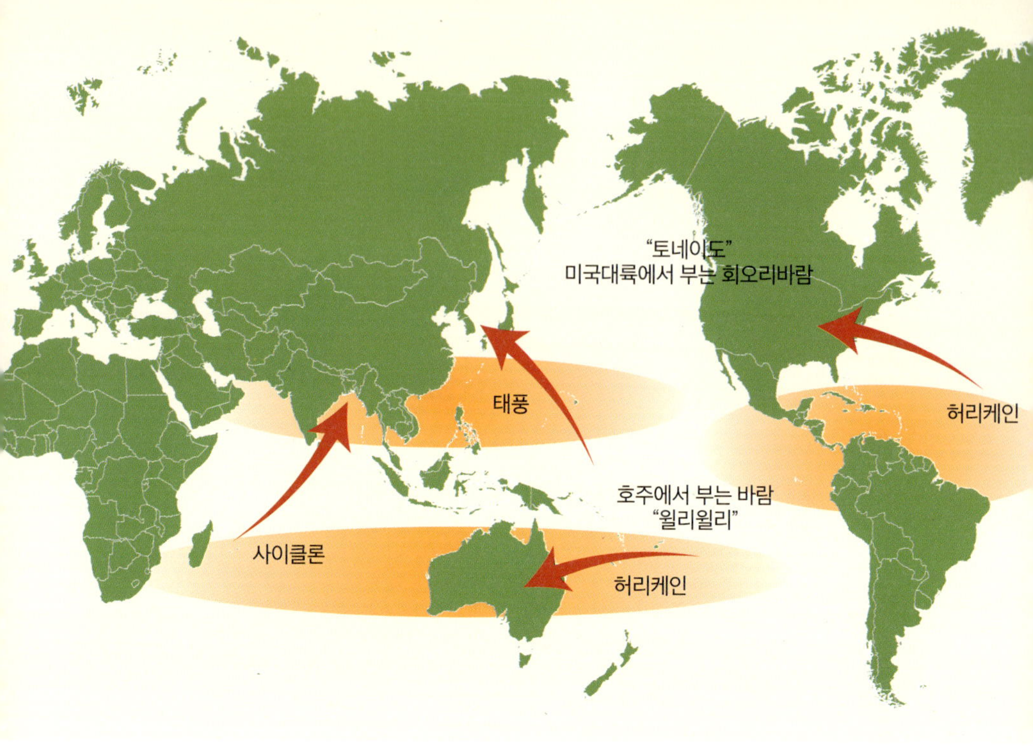

여러 열대성 저기압과 토네이도 발생 지역의 차이

기나 지속 시간, 위험 요소까지 모두 다르거든.

먼저 태풍과 허리케인은 사실 같은 현상이야. 단지 어디서 발생했느냐에 따라 부르는 이름이 다를 뿐이지. 예를 들어, 서태평양이나 아시아 근처에서 발생하면 태풍Typhoon, 대서양이나 미국 쪽에서 발생하면 허리케인Hurricane이라고 불러. 그리고 인도양이나 남태평양에서 발생한 것은 사이클론Cyclone이라고 하지.

이 세 가지는 모두 열대 저기압이라는 공통점을 가지고 있어. 뜨겁고 습한 바닷물이 태양열로 데워지면 증발해 수증기가 되고, 그 수증기가

 재난 영화 속 기후환경 빼먹기

공중으로 올라가면서 응축돼 강력한 비구름과 강풍을 만드는 거야.

반면 토네이도는 바다가 아니라 육지에서 발생해. 크기는 태풍보다 훨씬 작지만, 회전 속도가 훨씬 빠른 데다 피해 범위가 좁아 오히려 심각한 피해를 일으키지.

또한, 태풍은 바다에서 에너지를 얻기 때문에 육지에 닿으면 점점 약해지고 이동 경로도 비교적 예측이 가능해. 하지만 토네이도는 순식간에 생겼다가 사라지는 데다가 형성 위치조차 불규칙해 예측하기가 훨씬 더 어려워.

크기와 지속 시간에서도 차이가 뚜렷해. 태풍과 허리케인은 지름이 수백 km에서 1,000km 정도로 우리나라 전체를 덮을 수 있을 만큼 크지. 또한, 유지되는 시간도 짧게는 며칠, 길게는 일주일 정도야.

반면 토네이도는 크기도 작고 지속 시간도 훨씬 짧아. 지금은 보통 수십 미터에서 커봤자 몇 킬로미터이고, 유지 시간도 길어봐야 한 시간 정도거든. 대신 움직임이 매우 빠르고 짧은 시간 안에 큰 피해를 주는 게 특징이지. 요약하면 토네이도는 짧고 강한 파괴력을 가진 자연재해이고, 반대로 태풍은 오랫동안 넓은 지역에 피해를 주는 재해라고 볼 수 있어.

또 다른 차이는 바람의 속도야. 태풍이나 허리케인의 중심부에서는 시속 120~250km에 달하는 강한 바람이 불지만, 더 큰 위험은 폭우나 폭풍 해일 같은 2차 피해에서 발생해. 반면, 토네이도는 규모는 작지만 바람 속도가 최대 시속 500km를 넘을 수 있어. 그 정도 위력이면 자동차나 지붕은 물론, 철골 구조물까지도 쉽게 들어 올릴 수 있지.

토네이도 사진 보니까 어떤 건 하얗고 어떤 건 검던데, 왜 그렇게 다른 거예요?

울릉도 지역에서 발생한 하얀색의 용오름

오호! 예리한데. 실제로 토네이도의 색은 주변 지형과 공기 중의 먼지나 이물질에 따라 달라져. 예를 들어, 건조한 사막이나 황토 지역처럼 먼지가 많으면 황토색으로 보이고, 건물 잔해나 숯가루, 불타는 물질이 섞이면 검은색으로 보일 수 있어. 반대로 물기가 많은 초원 지역이나 구름 속 수증기만 반사될 때는 하얗게 보이기도 하지. 우리나라 바다에서 가끔 나타나는 용오름도 이런 원리야. 그래서 토네이도의 색만 봐도 그 지역의 특성을 어느 정도 짐작할 수 있는 거지.

궁금한 게 또 있어요. 토네이도는 왜 하나같이 깔때기 모양이에요?

녀석, 오늘 질문이 끝이 없구나! 토네이도가 깔때기 모양인 이유는

 재난 영화 속 기후환경 빼먹기

위쪽은 공기 밀도가 낮고 가벼워서 폭이 넓고, 아래쪽은 지면과 가까워지면서 압력이 높고 공기가 무거워져 점점 좁아지기 때문이야. 거기에 회전하면서 중심부로 몰리는 원심력까지 더해져서 깔때기 형태로 조여드는 거지.

한 가지 더요! 토네이도가 오면 무슨 소리가 난다고 하던데요?

맞아. 토네이도를 직접 목격한 사람들 말로는, 토네이도가 다가올 때 기관차나 폭격기 같은 굉음이 들렸다고 하더라고.

토네이도는 초고속으로 회전하는 강한 바람이 공기를 크게 흔들어서 낮고 깊은 소음을 발생시키거든. 이때 발생하는 초저주파Infrasound는 사람의 귀로는 잘 들을 수 없고, 진동이나 웅웅거리는 소리처럼 들리지. 풍력발전소의 날갯소리나 화산 활동 소리도 이와 비슷해.

삼촌, 토네이도는 예측하기가 왜 그렇게 힘든 거예요? 태풍이나 지진도 다 예측한다면서요!

그건 토네이도의 구조 때문이야. 토네이도는 대기 속 아주 작은 회전에서 시작하거든. 마치 컵 안의 소용돌이 같아서 규모도 작은 데다 구조도 복잡하지. 그래서 위성이나 레이더로 추적하기가 정말 어려워. 게다가 몇 분 만에 갑자기 생겼다 금방 사라지기도 하고, 동시에 여러 개가 생기기도 하니 예측하기가 더더욱 쉽지 않지. 이제 진짜 질문 끝! 오늘은 여기까지 하자. ●

폭풍을 쫓는 사람들, 토네이도 추격자

토네이도가 발생하면 우리는 무조건 도망가야 한다고 생각합니다. 하지만 세상에는 도망가기는커녕 오히려 토네이도를 쫓아 그 중심부로 향하는 사람들이 있습니다. 이는 영화 속 상상이 아니라 실제 이야기입니다. 이들은 토네이도 추격자Tornado Chasers 또는 스톰 체이서Storm Chaser라고 불리며, 목숨을 걸고 토네이도를 추적하고 연구합니다.

왜 그럴까요? 토네이도는 언제, 어디서, 얼마나 강하게 발생할지 예측하기가 매우 어려운 자연 현상입니다. 따라서 토네이도 안에서 수집한 데이터는 큰 가치를 지닙니다. 그 정보를 바탕으로 더 정밀한 경보 시스템을 만들 수 있고, 그렇게 되면 사람들이 더 빠르게 대피할 수 있기 때문입니다. 그러한 이유로 과학자, 기상 연구자, 그리고 열정적인 아마추어 추격자들까지 토네이도를 연구하는 것입니다.

그럼, 토네이도 연구 프로젝트와 실제 사례들은 어떤 것들이 있을까요?

가장 대표적인 연구는 VORTEX 프로젝트입니다. VORTEX는 Verification of the Origins of Rotation in Tornadoes Experiment의 약자로, 미국 국

립해양대기청NOAA과 국립기상청NWS이 주도해 진행한 초대형 토네이도 연구 프로젝트입니다. 이 프로젝트는 토네이도가 어떻게 만들어지고, 왜 특정 조건에서 더 강해지는지 연구하기 위해 미국 중서부의 토네이도 앨리 지역에서 수년 동안 방대한 자료를 수집했습니다. 또한, VORTEX 연구는 1994년과 2010년 두 차례에 걸쳐 진행되었고, 영화 〈트위스터〉 제작에도 큰 영향을 주었습니다.

Vortex2 프로젝트의 지휘 차량 ©위키디피아

또 다른 유명한 사례는 팀 샘머러스Tim Samaras가 이끈 TWISTEX 팀입니다. 이 팀은 자체 제작한 장비를 토네이도의 예상 경로에 설치해 바람의 속도와 압력, 온도 등의 데이터를 직접 수집했습니다. 하지만 2013년, 오클라호마주에서 토네이도를 추적하던 중 팀 샘머러스와 그의 아들이 안타깝게 목숨을 잃었습니다. 그만큼 이 연구는 목숨을 걸어야 할 만큼 위험한 작업이기도 합니다.

그 외에도 주목할 만한 장비로 DOWDoppler on Wheels가 있습니다. 이는 도플러 레이더를 탑재한 트럭으로, 토네이도 내부의 바람과 구조를 실시간으로 관측할 수 있도록 설계된 이동형 관측 장비입니다. DOW는 특히 토네이도 내부의 모습을 세계 최초로 레이더 영상으로 촬영해 보여준 장치로도 잘 알려져 있습니다.

또한, 영화 속에 등장하는 도로시라는 관측 장치도 실제 모델이 존재합니다. 1970~80년대 미국에서 개발된 TOTOTotable Tornado Observatory가 바로 그 원형입니다. 이는 센서와 장비를 가득 실은 관측 장치를 토네이도의 예상 경로에 배치해, 토네이도 중심으로 빨려 들어가게 한 뒤 내부의 바람 속도, 기압, 온도 등의 데이터를 실시간으로 수집하도록 만든 장치입니다.

최근에는 드론이나 인공지능(AI)을 이용해 토네이도를 더 안전하게 연구하려는 새로운 시도도 진행되고 있습니다. 이를 통해 기존의 스톰 체이서들이 위험을 무릅쓰고 직접 접근했던 방식을 대체하고, 더 정교하고 효율적으로 데이터를 수집할 수 있게 되었습니다. ●

영화 속 도로시의 모델이 된
실제 관측 장비 TOTO
©NOAA

토네이도는 그 안에 막대한 에너지를 품고 있습니다. 이 에너지를 활용할 수 있는 방법에는 어떤 것들이 있을지 한번 생각해 보세요.

자기장의
붕괴

영화 〈종말의 끝〉
(2018)

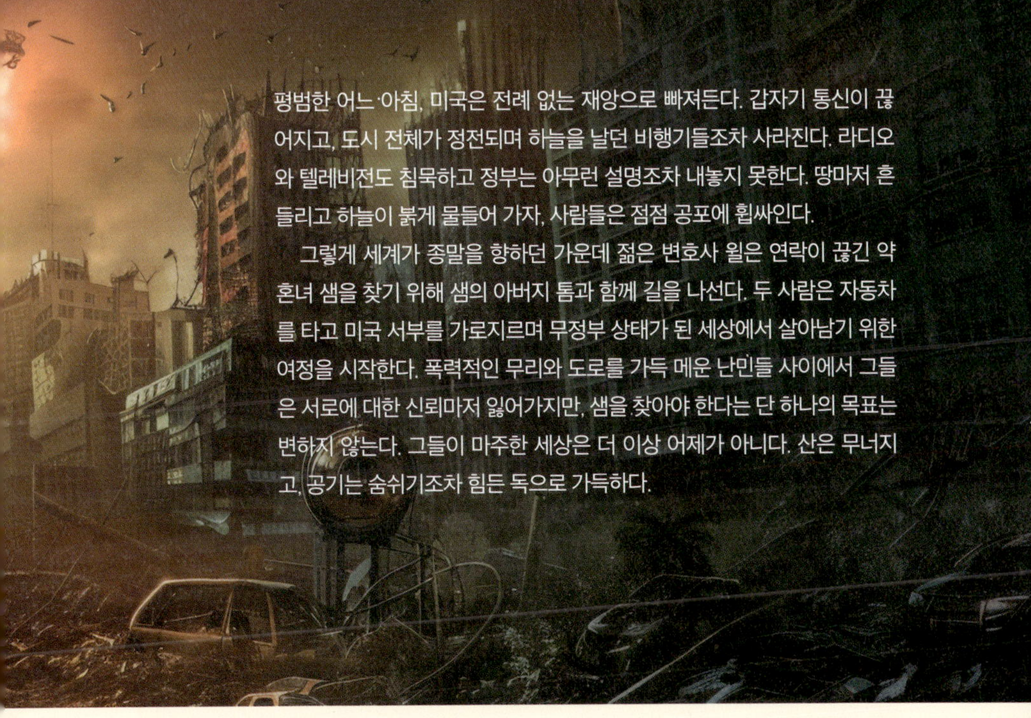

민규와 저녁 식사를 하려는 순간, 갑자기 전기가 나갔습니다.

삼촌, 갑자기 전기가 나갔어요!
잠깐만, 손전등이 어디 있을 텐데.

인터넷도 안 되고 엄마한테 전화도 안 돼요. 지진이 난 걸까요? 아니면 외계인이 쳐들어왔을까요?
녀석, 호들갑 떨긴. 잠깐만 기다려 봐.

잠시 후 전기가 다시 들어오자, 우리는 방금 겪은 상황과 아주 비슷한 영화를 보기로 했습니다.

영화 〈종말의 끝〉의 한 장면

삼촌, 영화 〈종말의 끝〉 같은 상황이 실제로 벌어지면 너무 무서울 것 같아요.

그렇지? 영화처럼 갑자기 전기와 통신이 끊기고, 비행기가 하늘에서 떨어지는 일이 현실에서 일어난다면 정말 끔찍할 거야. 그런데 그게 꼭 영화 속 이야기만은 아니야. 실제로 지구 자기장이 붕괴한다면, 영화보다 더 심각한 일이 벌어질 수도 있거든.

지구 자기장이 붕괴한다고요? 나침반을 움직이게 하는 그 자기장이요?

 재난 영화 속 기후환경 빼먹기

맞아. 지구가 일종의 거대한 자석이라고 했던 말, 기억나지? 지구가 자성을 띠는 건 지구 내부의 구조 때문이야. 지구 중심에는 '핵'이 있는데, 이는 고체 상태의 내핵과 뜨거운 액체 금속으로 이루어진 외핵으로 나뉘어 있어.

그중 외핵은 주로 철과 니켈로 이루어져 있는데, 코어 내부의 열대류와 지구 자전으로 인한 코리올리 효과가 합쳐져 거대한 전류 소용돌이를 만들지. 이 움직임이 전류를 발생시켜 지구 자기장을 형성하는 거야.

이렇게 생긴 지구 자기장은 우리 눈에 보이진 않지만, 우주에서 날아오는 해로운 방사선으로부터 지구 생명체를 지켜주는 보호막 역할을 하지.

그런데 영화처럼 자기장이 약해지면 강한 태양 폭풍이 들어와 위성 통신이나 전력망에 큰 피해를 줄 수 있어. 또한, 항법 시스템에도 문제가 발생해. 그렇다고 비행기가 바로 떨어지진 않지만, 항로를 벗어나거나 착륙이 어려워질 가능성은 있어.

지구 보호막이 우리를 보호해 준다고 했는데, 대체 우주에서 어떤 위험한 물질이 날아온다는 거예요?

사실 우주는 우리가 생각하는 것보다 훨씬 더 거칠고 위험한 곳이야. 그중에서도 특히 위험한 건, 태양이나 은하에서 날아오는 고에너지 입자들이지. 우주에서 날아오는 입자들은 크게 세 가지로 나눌 수 있어.

첫 번째는 태양풍Solar Wind이야. 태양에서 끊임없이 뿜어져 나오는 고속의 플라스마 바람으로, 그 안엔 전자와 양성자가 섞여 있어.

두 번째는 태양 고에너지 입자SEP: Solar Energetic Particles들로, 태양에서 폭발이 일어날 때 태양 플레어나 코로나 질량 방출CME: Coronal Mass Ejection이 생기면 훨씬 더 강력한 입자들이 튀어나오게 돼.

마지막은 가장 멀리서 오는 것들인데, 바로 은하 우주선GCRs: Galactic Cosmic Rays이야. 이건 초신성 같은 거대한 우주 폭발에서 만들어진 입자들로, 속도도 빠르고 에너지도 어마어마해서 지구 대기를 뚫고 지표면 가까이 도달할 수도 있지.

우와! 그럼, 지구는 매일 그런 입자들의 폭격을 받는 거예요? 그런데 우리는 어떻게 멀쩡하지요?

그게 바로 지구 자기장이라는 보이지 않는 보호막 덕분이지. 이 자기장은 전기를 띤 입자들을 밀어내거나, 경로를 휘게 만들어서 지표면까지 오지 못하게 막아주거든. 게다가 이 자기장에 갇힌 입자들로 형성된 밴앨런 복사대Van Allen Radiation Belts가 있어서 지구를 보호하고 있지.

밴앨런 복사대는 지구를 둘러싼 두 겹의 방사선 띠로, 고에너지 입자들을 붙잡아 두는 일종의 감옥 같은 역할을 해. 내부 벨트는 주로 태양풍과 우주선에서 온 고에너지 양성자로 구성되고, 외부 벨트는 태양풍에서 날아온 전자가 모여 만들어져. 이 두 띠가 위험한 입자들이 지구

 재난 영화 속 기후환경 빼먹기

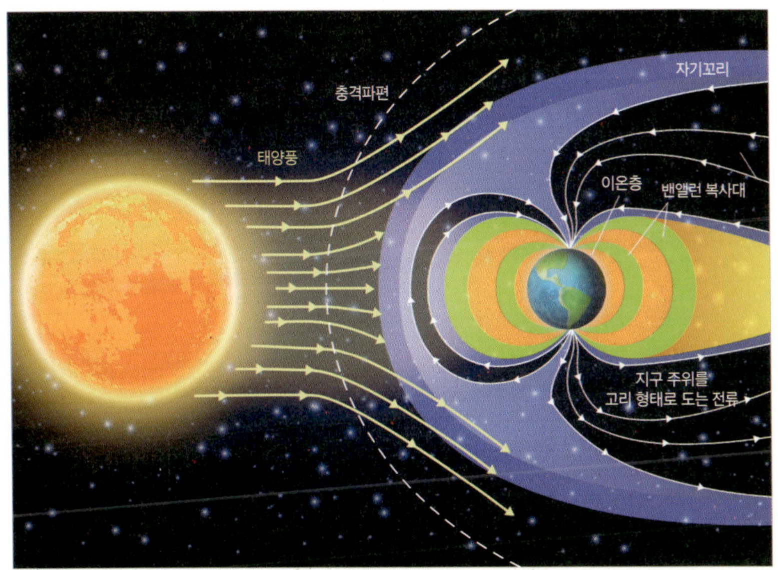

지구 자기장

의 대기 안으로 침투하지 못하도록 막아주는 방패인 셈이지.

진짜 방패 같네요. 만약 저 방사선들이 뚫고 들어오면 어떻게 되는 건데요?

음. 생각하기는 싫지만, 정말 심각한 일들이 벌어질 수 있어. 먼저 위성이 고장 나고, GPS나 통신 시스템이 멈출 수 있어. 더 심하면 전력망이 마비돼서 도시 전체가 정전될 수도 있지.

게다가 우주 방사선은 인체에도 위험해. 오랜 시간 노출되면 세포가 손상되고, 암 발생률이 높아질 수 있거든. 그 때문에 우주에서 활동하는 우주인들도 항상 방사선 차단에 신경을 쓰고 있어.

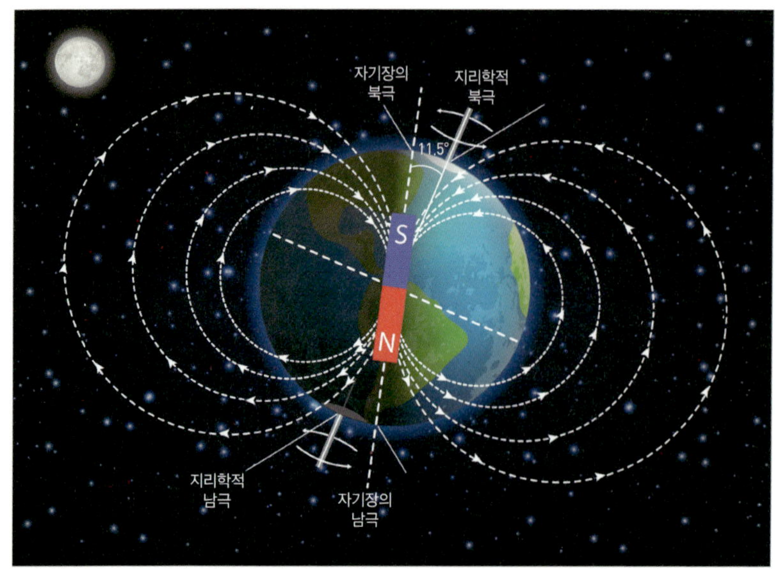

지구의 자전축과 지자기축의 차이

삼촌! 책에서 읽었는데, 지구의 자전축이 가리키는 북극이랑 나침반이 가리키는 북극이 다르다던데, 그건 왜 그런 거예요?

오, 이제 별걸 다 묻네! 지구의 자전축이 가리키는 북쪽을 진북True North이라고 하고, 나침반이 가리키는 북쪽을 자북Magnetic North이라고 하거든. 이 둘은 지구 전체 평균으로 약 11도 정도 차이가 나지만, 실제로는 지역에 따라 편차가 달라. 이를 자기편차Magnetic Declination라고 부르는데, 한국은 약 6도 정도 서쪽으로 치우쳐 있어.

이 편차를 고려하지 않고 지도나 나침반을 사용하면 잘못된 방향으로 이동할 수 있어. 그래서 항해, 군사 작전, 항공, 위성 통신처럼 정밀

 재난 영화 속 기후환경 빼먹기

한 분야에서는 반드시 이 편차를 보정한 값을 사용해야 해.

이러한 현상이 생기는 이유는 앞서 설명한 지구 외핵의 액체 금속이 끊임없이 흐르고 있기 때문이야. 그 흐름이 항상 일정하지 않다 보니, 지구 자기장이 형성하는 지자기축도 조금씩 움직이게 되고, 자전축과 도 완전히 일치하지 않게 되는 거지.

그럼, 지구 자기장이 영원히 우리를 보호해 줄 수 있어요?

안타깝게도 그렇지 않아. 과학자들에 따르면 지구 자기장은 100년마다 약 5~10%씩 약해지고 있어. 특히 남대서양의 자기 이상 지대South Atlantic Anomaly라고 불리는 지역은 자기장이 특히 약해서 그 구역을 통과하는 위성들이 고장 나거나 오류를 일으키기도 해.

헐, 지구 자기장이 계속 약해지면 어떻게 되는 건데요?

자기장이 약해지면 앞서 말한 바와 같이 우주 방사선이 더 깊숙이 침투해서 전력망이 고장 나고, 심한 경우엔 도시 전체가 정전될 수도 있지. 영화 〈종말의 끝〉처럼 비행기 착륙 실패, 위성 고장, GPS 마비와 같은 일들이 실제로 벌어질 수 있는 거야.

그런데 멀쩡하던 자기장은 왜 약해지는 거예요?

그러게 말이야. 사실 지구 자기장은 일정한 상태로 영원히 유지되는 게 아니야. 수천 년에서 수십만 년 주기로 지자기 역전Geomagnetic

Reversal이 일어나서, 북극과 남극의 자기장이 뒤바뀌게 되거든. 말 그대로 북극이 남극으로, 남극이 북극으로 바뀌는 거지. 이런 전환이 일어나는 과정에서는 자기장이 점점 약해지는 성향을 보여. 그렇다고 완전히 없어지는 건 아니지만, 약해진 자기장은 우주 방사선이나 태양풍을 제대로 막지 못할 수도 있어.

그런 걸 과학자들은 어떻게 알아냈어요?

2013년, 유럽우주국ESA은 'Swarm 위성'이라는 자기장 감지 전용 위성 3대를 지구 궤도에 올렸어. 이 위성들은 지구 자기장을 실시간으로 정밀하게 측정하는 임무를 부여받았는데, 그 덕분에 자기장이 얼마나, 어디서, 어떤 속도로 약해지고 있는지 알 수 있게 되었지.

ESA뿐만 아니라 미국 미항공우주국NASA과 미연방해양대기청NOAA도 남대서양 자기 이상 지대를 꾸준히 관측하고 있어. 관측 결과, 1970년 이후 이 지역의 크기가 두 배 이상 넓어졌다는 사실이 확인되었어. 이처럼 지구 자기장의 약화는 결코 먼 미래의 일만은 아니야.

자기장이 그렇게 중요한 거였군요!

맞아. 게다가 자기장이 없으면 네가 그렇게 좋아하는 오로라도 볼 수 없어. 오로라는 태양에서 날아온 입자들이 지구의 자기장에 이끌려 극지방으로 몰려가고, 그곳의 대기 입자들과 충돌하면서 생기는 빛이거든.

 재난 영화 속 기후환경 빼먹기

지구 대기에는 산소와 질소 같은 기체가 주로 포함되어 있는데, 이 입자들과 충돌할 때 어떤 기체와 부딪히느냐에 따라 오로라의 색도 달라져. 예를 들어, 약 100~300km 높이에서는 산소가 초록빛을 내고, 그보다 더 높은 고도에서는 붉은빛을 띠지. 반면, 질소는 주로 낮은 고도에서 파란색이나 보라색 빛을 만들어. ●

보이지 않는 지도, 동물의 자기 감각

철새와 바다거북은 어떻게 길을 잃지 않을까? 여러분도 이런 궁금증을 한 번쯤은 가져보셨을 겁니다.

지구에는 보이지 않는 자기장Magnetic Field이 있습니다. 이 자기장은 북극과 남극을 기준으로 지구 전체를 감싸는 거대한 보호막이자 눈에 보이지 않는 일종의 지도입니다.

놀라운 사실은 많은 동물들이 이 자기장을 나침반처럼 이용한다는 점입니다. 대표적인 예가 바로 철새와 바다거북입니다. 철새는 해마다 수천 킬로미터 이상을 이동하며 번식지와 월동지를 오가고, 바다거북은 먼바다에서 수년 동안 생활하다가도 태어난 고향으로 정확히 돌아와 알을 낳습니다.

그렇다면 이들은 바다와 하늘에서 어떻게 방향을 잃지 않고 길을 찾아갈 수 있을까요?

과학자들은 이들이 지구 자기장을 감지하는 특별한 능력이 있다고 설명합니다. 이를 자기장 인식Magnetoreception이라 부릅니다. 동물들은 지구 자기장의 방향과 세기, 심지어 지역별로 미세하게 다른 자기장을 기억해 마치 지도를 사용하듯 활용합니다. 이 정보는 경도나 위도와 같은 좌표처럼 작용해, 동물들이 현재 위치와 이동 방향을 정확히 알 수 있도록 돕습니다.

그렇다면 동물들은 어떻게 자기장을 감지할까요?

일부 철새와 바다거북의 경우, 눈 속에 있는 크립토크롬Cryptochrome이라는 단백질이 빛과 반응해 자기장의 방향을 감지한다고 알려져 있습니다. 특히 철새는 이 단백질 덕분에 낮에 태양빛을 보면서 동시에 자기장 방향도 감지할 수 있습니다. 바다거북도 비슷한 원리가 연구되고 있습니다.

또 다른 연구에서는 철 함유 세포가 중요한 역할을 한다고 보고합니다. 바다거북과 철새의 뇌, 부리, 코 주변에는 자성을 띤 자철광Magnetite이 있는데, 이 미세한 자석 같은 물질이 자기장 변화를 감지해 뇌로 신호를 보내는 것으로 추정합니다. 이 신호가 바로 동물들에게 위치 정보를 제공하는 것입니다.

그런데 여기에 중요한 문제가 있습니다. 지구 자기장은 일정하지 않다는 점입니다. 시간이 흐르면서 강도가 약해지거나 극이 이동하면서 '남대서

양 자기 이상 지대' 같은 비정상적으로 자기장이 약한 지역이 생기기도 합
니다.

철새들의 지구 자기장 이용 방법

만약 지구 자기장이 약해지거나 불안정해지면, 이 동물들은 의지해왔던 '지구 나침반'을 잃게 됩니다. 그 결과 방향 감각을 잃어버려 이동 경로를 잘못 잡거나 번식지에 도착하지 못할 수도 있습니다. 실제로 최근 수십 년 동안 철새들이 이동 경로를 벗어나거나 도착 지점을 잃는 사례들이 늘고 있고, 바다거북도 길을 잃거나 엉뚱한 해변에 도착하는 사례가 보고되고 있습니다. 일부 과학자들은 이것이 지구 자기장의 약화와 불안정성 때문일 가능성을 제기합니다.

지구 자기장에 의존하는 동물들의 생존 전략은 아주 정교하고 오랜 진화의 결과입니다. 그러나 현대에는 인간의 활동으로 인한 기후변화, 위성 통신의 전파 간섭, 자기장의 약화 등 여러 요인이 이러한 시스템을 교란하고 있습니다. 특히 지구 자기장이 계속 약해지거나 수천 년에 걸쳐 극이 서서히 반전되면, 철새와 바다거북뿐만 아니라 많은 동물이 이동과 번식에 어려움을 겪을 수 있습니다.

흥미로운 점은 인간에게도 철새와 같이 '제6의 감각', 즉 자기 감각이 있을 가능성을 시사하는 연구 결과가 발표된 바 있습니다. 경북대학교 채권석 교수와 한경대학교 김수찬 교수 연구팀은 인간의 눈이 지구 자기장을 감지할 수 있다는 가설을 세우고, 금식 상태의 남성 참가자들을 대상으로 실험을 진행했습니다.

그 결과 일부 참가자가 비교적 정확하게 북쪽(자북)을 인식한 것으로 나타났으며, 이는 인간의 눈에도 자기 감각을 담당할 수 있는 단백질이 존재할 가능성을 뒷받침합니다. 연구팀은 철새와 바다거북에서 확인된 크립토크롬이 인간에게도 존재하며, 이 단백질이 파란색 계열의 빛에 반응해 자기장을 감지하는 데 관여할 수 있다고 설명했습니다. 다만 이 가설은 아직 초기 연구 단계로, 추가적인 검증이 필요합니다. ●

지구 자기장의 약화를 막기 위해 우리가 할 수 있는 일에는 무엇이 있을지 생각해 보세요.

크립토크롬Cryptochrome

어원적으로 '숨겨진Kryptos'과 '색Chroma'이라는 뜻을 가진 이 단백질은 빛을 받아들이는 수용체로 작용합니다. 주로 청색광에 반응하여 생물마다 다양한 역할을 합니다. 식물에서는 햇빛의 양을 감지해 개화 시기나 잎과 줄기의 성장을 조절합니다. 사람이나 동물에서는 생체 리듬을 유지하는 역할을 하며, 밤이 되면 활성화되어 멜라토닌 분비를 촉진해 우리에게 수면 신호를 보내기도 합니다.

또한, 철새의 이동에도 크립토크롬이 관여하는 것으로 알려져 있습니다. 철새는 이 단백질을 이용해 자기장을 감지하고, 이를 나침반처럼 활용해 방향을 인식합니다.

자기장 인식 과정을 조금 더 자세히 살펴보면 다음과 같습니다. 우선 새의 눈에 있는 크립토크롬 단백질이 청색광을 받으면 전자가 이동해 '라디칼 쌍Radical Pair'이 형성됩니다. 라디칼은 짝이 없는 전자를 가진 분자나 원자를 뜻하며, 두 개의 라디칼이 서로 연결된 상태로 각각 전자를 하나씩 갖는 것이 라디칼 쌍입니다.

이때 전자는 고유의 회전 방향(스핀)을 가지므로, 라디칼 쌍은 자기장의 영향을 받아 반응 경로가 달라집니다. 일정 시간이 지나면 이 라디칼 쌍은 화학반응을 일으켜 다른 분자로 바뀌고, 이를 통해 획득한 방향 정보가 신경계로 전달됩니다.

특히 이 화학반응이 일어나는 속도나 확률은 자기장 방향에 따라 달라집니다. 즉, 지구 자기장이 어느 방향에서 오는지에 따라 반응 결과가 달라지며, 결과적으로 이 정보가 뇌로 전달되어 새가 방향을 인지할 수 있게 됩니다.

2

영화 〈더 그레이〉
영화 〈해프닝〉
HBO 드라마 시리즈 1 〈라스트 오브 어스〉
영화 〈미믹〉
영화 〈인베이젼〉

자연 반격관

동물의
반격
#Disaster_Movie

LIAM NEESON
THE GREY
LIVE OR DIE ON THIS DAY
JANUARY 2012
facebook.com/TheGreyMovie
#TheGrey

영화 〈더 그레이〉

(2012)

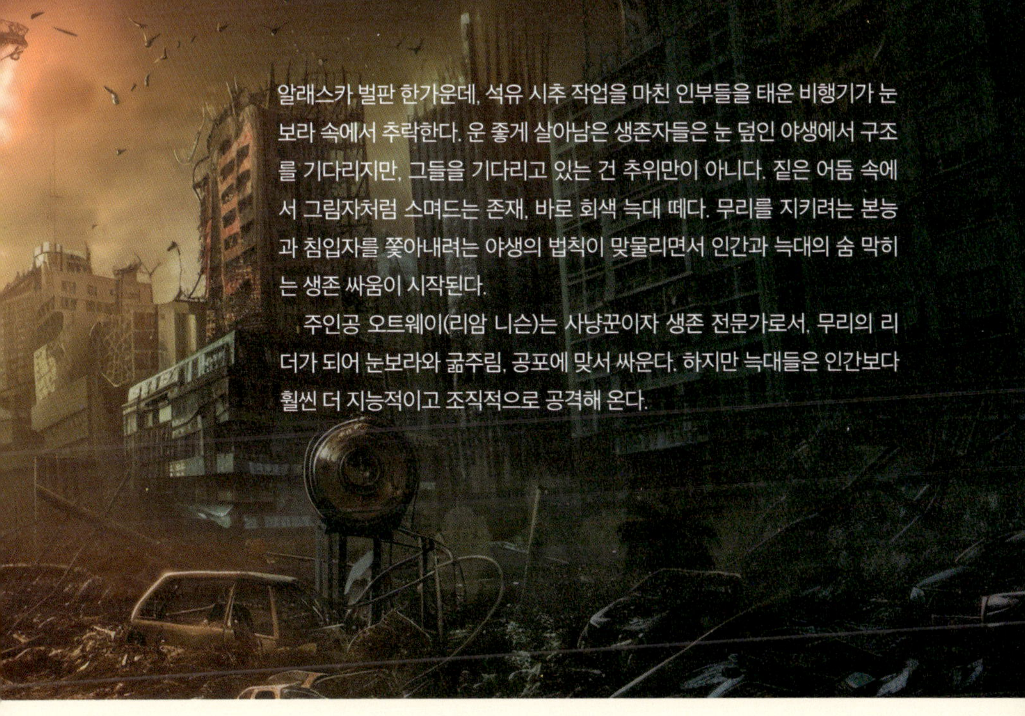

알래스카 벌판 한가운데, 석유 시추 작업을 마친 인부들을 태운 비행기가 눈보라 속에서 추락한다. 운 좋게 살아남은 생존자들은 눈 덮인 야생에서 구조를 기다리지만, 그들을 기다리고 있는 건 추위만이 아니다. 짙은 어둠 속에서 그림자처럼 스며드는 존재, 바로 회색 늑대 떼다. 무리를 지키려는 본능과 침입자를 쫓아내려는 야생의 법칙이 맞물리면서 인간과 늑대의 숨 막히는 생존 싸움이 시작된다.

주인공 오트웨이(리암 니슨)는 사냥꾼이자 생존 전문가로서, 무리의 리더가 되어 눈보라와 굶주림, 공포에 맞서 싸운다. 하지만 늑대들은 인간보다 훨씬 더 지능적이고 조직적으로 공격해 온다.

오늘은 주말이라 민규네 집에 들렀습니다.

밖에 나갔던 민규가 들어오자마자, 멧돼지가 텃밭을 다 망쳐놨다며 투덜거렸습니다.

요즘 멧돼지들이 우리 동네에 자주 나타나는 것 같아요!

삼촌도 아파트 주차장까지 야생동물이 내려왔다는 뉴스를 본 적 있어.

삼촌, 혹시라도 멧돼지들이 사람을 공격하면 어떡하죠?

원래 멧돼지는 겁이 많아서 사람한테는 잘 안 덤벼. 물론 배가 고프거나 새끼를 지키려 할 때를 제외하곤 말이야.

영화 〈더 그레이〉의 한 장면

얼마 전에 〈더 그레이〉라는 영화를 봤는데, 거기선 늑대들이 사람을 막 공격하던데요?

늑대도 원래는 사람을 무서워해. 후각도 뛰어나고 청각도 예민해서 사람 냄새만 맡아도 멀리 도망가기 일쑤지. 그런데 어떤 특별한 상황에서는 영화 같은 일이 실제로 일어날 수도 있어.

첫 번째는 사람이 늑대의 영역을 침범했을 때야. 늑대는 무리 지어 살면서 자신의 영역을 아주 소중히 지키는 동물이야. 특히 새끼를 낳고 키우는 3월부터 5월 사이에 낯선 존재가 나타나면 훨씬 더 민감하게 반응하지. 그때는 방어 본능이 강해져서 사람을 먼저 공격할 수도 있거든.

 재난 영화 속 기후환경 빼먹기

두 번째는 먹이가 부족할 때야. 사슴이나 토끼 같은 먹잇감이 줄어드는 겨울철이 오면 늑대는 살아남기 위해 사람도 먹잇감으로 인식할 수 있어. 배고픔은 동물에게 있어 가장 큰 위협이니까.

세 번째는 사람에게 익숙해진 경우야. 사람들이 버린 음식물이나 쓰레기를 자주 접한 늑대들은 점점 사람을 두려워하지 않게 되지. 사람들이 먹을거리를 가지고 야영장에 온다는 사실을 학습한 곰이 자주 야영장에 나타나는 것도 같은 이유야. 인간 사이에서 먹이를 쉽게 찾다 보니 야생동물이 인간을 공격하는 일이 발생하는 거지.

네 번째는 질병에 걸렸을 때야. 특히 광견병 같은 바이러스에 감염되면 문제가 커져. 광견병에 걸린 동물은 이성을 잃고 통제되지 않는 행동을 보이기 때문이야. 늑대가 갑자기 공격적으로 변하는 이유 중 하나지.

마지막 다섯 번째는 극한의 위기 상황에 놓인 경우야. 영화 〈더 그레이〉처럼 사람이 다치거나 무리에서 떨어져 혼자 남게 되면, 늑대는 사람을 손쉬운 사냥감으로 여길 수 있어.

늑대를 무조건 두려워할 필요는 없지만, 그들의 세계와 본능을 이해하고 일정한 거리를 유지하는 것이 우리 모두에게 가장 안전한 방법이 될 수 있어. 자연을 존중한다는 건 그 안에 사는 생명들을 이해하고 배려하는 거니까.

실제로 늑대들이 인간을 공격한 예가 있어요?

늑대가 사람을 공격하는 일은 아주 드물지만, 실제로 그런 일이 일어나긴 했었지. 1989년 알래스카에서는 광견병에 걸린 늑대가 사람을 처참하게 공격한 사건이 있었어. 광견병에 걸려 공격성이 극도로 높아진 늑대가 사람을 공격한 경우였지.

2005년 11월 8일에는 캐나다 포인트 노스 랜딩이라는 곳에서 또 다른 사건이 발생했어. 당시 22살이던 지질공학과 학생 켄튼 조엘 카네기 Kenton Joel Carnegie가 늑대의 공격을 받아 안타깝게도 목숨을 잃은 사건이었지. 켄튼은 평소처럼 산책하러 나갔는데 시간이 지나도 돌아오지 않아 경찰 당국이 수색을 시작했고 결국 그의 시신을 발견했어. 조사해 보니 주변에는 늑대 발자국이 남아 있었고, 나중에 확인된 바로는 그 지역 늑대들이 심하게 굶주린 상태였다고 하더라고. 먹을 것이 없다 보니 사람을 먹잇감으로 본 거지. 게다가 그 지역은 원래부터 늑대들이 사람들이 버린 쓰레기를 자주 뒤지던 곳이었대. 즉, 늑대가 사람 냄새와 흔적에 익숙해진 상황에서 공격성을 드러낸 사례라고 할 수 있어.

그런데 이런 늑대들이 점점 사라진다고 들었는데 그 이유가 뭐예요?

슬픈 얘기지. 늑대는 무섭고 포악하다는 이미지 때문에 오랫동안 오해를 받아왔어. 실은 인간이 먼저 늑대를 공격해 몰아낸 경우가 훨씬 많은데도 말이야.

한때 우리나라에서도 늑대가 백두대간을 따라 전국에 살았지만, 일제강점기부터 시작된 포획과 남획으로 현재는 거의 자취를 감추게 되었지. 실질적으로 우리나라에선 멸종한 상태라고 봐야 해.

 재난 영화 속 기후환경 빼먹기

그럼, 한국에서는 늑대가 멸종위기종 뭐 그런 거예요?

기록상으로는 20세기 중반까지 백두산 일대에서 간혹 목격됐다는 이야기가 있어. 하지만 지금은 보존 연구용으로 외국에서 몇 마리를 들여와 사육하고 있을 뿐, 사실상 멸종된 상태야.

국제자연보존연맹IUCN: International Union for Conservation of Nature이 정한 레드 리스트Red List는 멸종 위기 생물종을 크게 7가지로 분류하고 있어. 이 기준에 따르면 늑대는 전 세계적으로는 '관심필요없음LC'으로 분류되지만, 한국에서는 사실상 '멸종EX' 상태로 분류되고 있지.

영화에 등장하는 북미 회색늑대Grey Wolf는 과거 멸종위기종이었지만, 현재는 복원 노력 덕분에 개체 수가 일정 수준 이상으로 유지되고 있어. 하지만 그건 어디까지나 세계 전체의 평균 이야기고, 지역에 따라선 '위기EN'나 '위급CR'으로 지정된 동물이야.

우리나라에서도 비슷한 사례가 있어. 황새는 한때 우리나라에서 멸종된 종으로 여겨졌지만, 최근 복원 사업 덕분에 천수만 등지에서 다시 확인되고 있지. 따오기는 '야생절멸EW' 상태였으나 중국 개체를 들여와 복원 중이고, 산양은 여전히 강원도 설악산 일대에 아주 적은 수만 남아 있는 '위기종'이야. 수달은 하천 오염으로 개체 수가 크게 줄어 '위급종'으로 지정됐고, 반달가슴곰은 지리산에 복원 개체들이 방사되면서 이제 겨우 위기종에서 벗어나 '취약종'이 되었지.

한편, 고라니나 멧돼지 같은 우리가 주변에서 흔히 볼 수 있는 동물

분류 등급	대표 생물	설명
EX (Extinct) 멸종	황새	마지막 개체가 죽어 생존하지 않음. 국내에서는 멸종되었으나 현재 복원 개체 방사 중(천수만 등).
EW (Extinct in the Wild) 야생절멸종	따오기	자연 서식지에서는 사라지고, 사육 상태에서만 존재. 야생에서는 사라졌고, 현재는 중국 개체를 통해 복원 중.
CR (Critically Endangered) 위급종	수달	단기간 내 절멸 위험이 매우 높음. 하천 오염과 서식지 파괴로 개체 수 급감.
EN (Endangered) 위기종	산양, 매	중단기적으로 생존 가능성이 낮음. 환경 오염과 밀렵이 주 원인.
VU (Vulnerable) 취약종	반달가슴곰	생존을 위협받을 가능성이 높음. 지리산에 개체 방사해 개체 수 증가 중.
NT (Near Threatened) 준위협종	고라니	현재는 안정적이지만 위협 요인 존재. 남한 전역에 분포, 하지만 일부 지역에서는 서식지 감소 문제 발생.
LC (Least Concern) 관심필요없음	멧돼지	관심 필요 없음. 전국적으로 분포, 오히려 인간과의 충돌이 잦음.

우리나라 기준 멸종 위기 분류별 대표 생물종

들은 '관심필요없음' 종에 해당해서 이제는 안정적으로 살아가는 종들이야. 하지만 이들도 환경의 변화에 따라 언제든 위협을 받을 수 있기에 절대로 방심해선 안 돼.

이러한 생물들이 사라지는 게 우리와 어떤 연관이 있는데요?

주변 생물들이 하나둘씩 사라지는 건 우리 삶과 아주 밀접한 관련이 있어. 사람들이 늑대나 곰 같은 야생동물의 서식지를 파괴하면 단순히

 재난 영화 속 기후환경 빼먹기

동물들이 서식지를 잃는 것에서 멈추지 않고 그 파장이 도미노처럼 이어지거든.

생태계는 먹이사슬과 생물다양성으로 촘촘하게 연결된 하나의 네트워크야. 늑대와 같은 포식자는 그 꼭대기에 있으면서 사슴이나 엘크와 같은 초식동물 개체 수를 조절해 주지.

그런데 우리가 개발 목적으로 숲을 밀어 버리고 길을 내면 어떤 일이 벌어질까? 늑대들은 삶의 터전을 하루아침에 잃게 될 거야. 그다음엔 서식지를 잃은 늑대들의 개체 수가 점점 줄어들 테고, 반대로 늑대의 먹잇감이던 초식동물의 수는 급격하게 늘어나겠지. 그러면 개체 수가 늘어난 초식동물들에 의해 풀과 나무가 훼손되면서 숲의 생태 균형은 빠르게 무너지고 말 거야. 풀과 나무가 줄어든 여파는 여기에 그치지 않고 작은 곤충이나 새들에게까지 영향을 줘서, 결국 생물다양성이라고 하는 거대한 자연 생태계가 한꺼번에 무너지게 되지.

게다가 야생동물들이 살 곳이 줄어들면 어떻게 될까? 결국 이들이 사람 사는 곳까지 점점 내려오게 되겠지. 그래서 요즘 매스컴을 통해 멧돼지가 도심으로 내려왔다거나, 미국에선 곰이 마을 주변을 어슬렁거린다는 등의 소식을 심심치 않게 접할 수 있는 거야. 이걸 우리는 '서식지 단편화Habitat Fragmentation'라고 부르지.

정리하자면, 우리가 늑대처럼 생태계에서 중요한 역할을 하는 동물들의 터전을 망가뜨리면 생태계가 무너지는 것은 물론이고 기후에도 영향을 준다는 거야. 그 결과로 인간은 더 많은 재난을 경험하게 될 테

늑대의 개체 수 감소에 의한 먹이사슬 붕괴

고 말이야. 숲이 망가지면서 토양이 침식되면 빈번하게 홍수가 일어날 거야. 그 영향으로 탄소 흡수 능력 또한 현저히 줄어들면서 기후에까지 영향을 주겠지.

이렇게 자연은 겉으로는 인간과 동떨어져 있는 것같이 보이지만, 그 영향은 결국 우리한테 고스란히 돌아온다는 점을 잊어서는 안 돼. 늑대를 보호한다는 건 단순히 생물 한 종을 보호함에 그치는 것이 아니라, 우리의 환경과 인류의 생존과도 연관이 있다는 걸 명심해야 해.

그럼, 인간이 자연의 경계를 무너뜨린 결과로 실제로 동물과 충돌한 예가 있나요?

인간이 자연을 파괴하면서 야생동물과 마주치는 일이 점점 많아지고 있어. 그러다 보니 동물들이 사람을 직접 공격하거나 전염병을 옮기는 경우도 생기지. 이와 관련된 실제 사례를 들어볼게.

최근 우리나라에서도 멧돼지가 도심 한복판까지 내려오는 일이 잦아졌다고 했잖아. 그 이유는 명확해. 이들의 서식지가 줄고 먹이가 부족해졌기 때문이야. 산이 깎이고 숲이 사라지니까 멧돼지들도 어쩔 수 없이 먹이를 찾아 인가로 내려오게 된 거지. 그 과정에서 사람을 만나면 공격하기도 하고 고속도로에 뛰어들어 교통사고로 이어지기도 해. 일본 홋카이도에서는 불곰이 도시까지 내려와 마을을 배회하다가 사람을 공격한 사례도 있다고 하더라고.

혹시 우리 인간하고 유전적으로 가장 가까운 동물이 뭔지 알아? 그래, 침팬지야. 침팬지는 인간과 DNA가 98% 이상 일치하는 동물로, 보통은 온순하고 지능이 높은 것으로 알려졌지. 그런데 아프리카 일부 지역에서 사냥꾼이 자주 나타나자, 자신의 영역을 침범했다고 여긴 침팬

호주에서 일어난 캥거루와 인간의 싸움 장면 ⓒ유튜브 동영상 캡처

지들이 어린아이를 납치하거나 공격한 사례도 있어.

아프리카 일부 지역에서는 코끼리가 농촌 마을을 습격해 농작물을 망치는 건 물론이고, 사람에게 해를 끼친다고 하더라고. 그 이유는 사람들이 코끼리들의 이동 경로였던 숲을 잘라내고 그 자리에 마을과 농지를 조성했기 때문이지. 오랜 세월 같은 길을 이용해 왔던 코끼리로선 자기 길을 막아선 인간과의 충돌을 피할 수 없었겠지.

한편, 지구 반대편 호주에서는 캥거루가 도로를 뛰어다니거나 심지어 사람을 때리기도 하고, 딩고Dingo(야생개)가 사람을 사납게 공격한 사례도 보고되었어.

지금까지 살펴본 사례들을 보면 공통점이 하나 있어. 대부분이 결국 인간이 만든 결과라는 거야. 동물들의 행동은 엄밀히 말해 반격이라기보다는 일종의 적응으로 볼 수도 있거든. 인간에게는 야생동물이 우리의 생활 영역을 침범한 것처럼 보이겠지만, 반대로 무분별하게 서식지를 훼손한 인간에 대한 동물들의 당연한 반응일 수도 있어. ●

동물도 슬퍼하고 애도할까?

최근 과학자들은 인간뿐만 아니라 일부 고등 동물들에게도 감정, 특히 슬픔이나 애도와 관련된 행동이 존재한다는 사실에 주목하고 있습니다. 이러한 주제는 동물의 인지능력과 사회성, 뇌 구조를 연구하면서 하나씩 밝혀지고 있습니다.

가장 잘 알려진 사례는 코끼리입니다. 야생 코끼리는 죽은 동료의 사체를 코로 만지거나, 한동안 그 자리를 떠나지 않고 맴돌곤 합니다. 연구자들은 이를 단순한 습관이나 냄새에 대한 반응이 아니라, 애도의 일종으로 보고 있습니다. 코끼리는 매우 사회적이며 무리 안에서 서로를 기억하고 돌보는 능력이 발달한 동물로 알려져 있습니다.

고래류 또한 유사한 행동을 보입니다. 특히 범고래나 긴수염고래는 죽은 새끼를 수일간 물 위에 띄워놓은 채 떠나지 않고 지켜봅니다. 이들 또한 인간처럼 가족 단위의 유대를 유지하며 복잡한 소리와 몸짓으로 의사소통하는 사회적 동물입니다. 과학자들은 이들이 새끼의 죽음을 명확히 인지하고 이에 대한 감정을 표현하는 것으로 보고 있습니다.

태어난 지 10일 만에 죽은 새끼를 업고 다니는 범고래 ©뉴스펭귄

까마귀나 까치와 같은 조류도 사회성이 높고 기억력이 뛰어난 것으로 알려져 있습니다. 미국 캘리포니아대학 UC Davis 연구진은 죽은 까마귀 근처에 다른 까마귀들이 모여 반응하는 '집단 경계 행동Funerary Behavior'을

발견했습니다. 이것은 단순한 호기심이 아니라 죽은 동료에 대한 애도와 함께 동료를 죽음으로 이끈 위협 요소가 무엇인지를 공유하고 경계하는, 일종의 자극에 대한 반응 행동으로 이해할 수 있습니다.

그렇다면 이러한 감정 반응은 어디에서 비롯된 것일까요?

뇌 과학자들은 감정 중추인 변연계Limbic System, 특히 편도체Amygdala와 해마Hippocampus, 전두엽Frontal Lobe 등이 이 같은 동물의 감정과 관련된 행동에 큰 역할을 한다고 봅니다. 포유류 중에서도 특히 사회성이 높은 종들(예: 늑대, 코끼리, 침팬지, 고래 등)의 뇌 구조와 활성이 인간과 매우 유사하다는 것을 발견했습니다. 동물들의 이러한 행동은 단순히 생존을 위한 본능적 반응이 아니라, 동물들도 감정을 느끼고 이를 인식할 수 있다는 과학적 가능성을 뒷받침합니다.

이러한 연구들은 우리의 의식 깊은 곳에 자리 잡은 인간 중심적 감정 개념을 다시 한번 생각하게 만듭니다. 인간만이 감정을 느끼는 특별한 존재일까요? 아니면 동물의 복잡한 감정 세계를 이제야 발견하기 시작한 것일까

요? 이러한 질문은 자연에 대한 우리의 시선과 함께 다른 생명체와의 관계

를 다시 돌아보게끔 합니다. ●

만약 동물에게도 감정이 있다는 것이 과학적으로 증명된다면, 인
간 중심의 사회는 어떤 변화가 필요할까요?

From Writer-Director
M. NIGHT SHYAMALAN

We've Sensed It.

We've Seen The Signs.

Now... It's Happening.

MARK WAHLBERG
THE
HAPPENING
FRIDAY THE 13TH · JUNE · 2008

영화 〈해프닝〉
(2008)

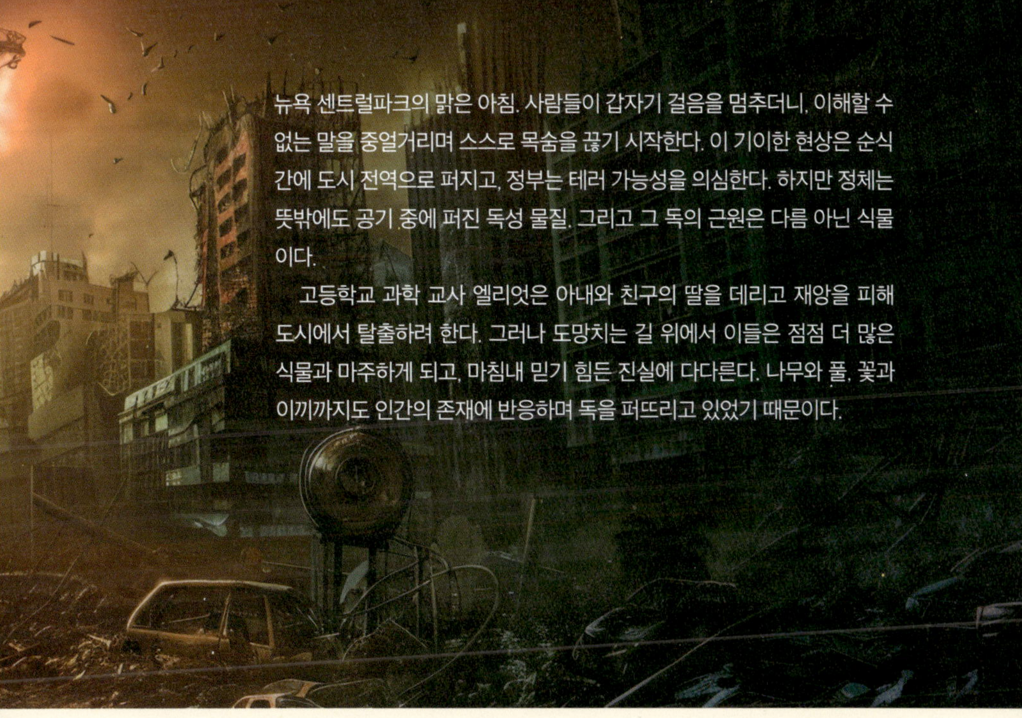

뉴욕 센트럴파크의 맑은 아침. 사람들이 갑자기 걸음을 멈추더니, 이해할 수 없는 말을 중얼거리며 스스로 목숨을 끊기 시작한다. 이 기이한 현상은 순식간에 도시 전역으로 퍼지고, 정부는 테러 가능성을 의심한다. 하지만 정체는 뜻밖에도 공기 중에 퍼진 독성 물질. 그리고 그 독의 근원은 다름 아닌 식물이다.

고등학교 과학 교사 엘리엇은 아내와 친구의 딸을 데리고 재앙을 피해 도시에서 탈출하려 한다. 그러나 도망치는 길 위에서 이들은 점점 더 많은 식물과 마주하게 되고, 마침내 믿기 힘든 진실에 다다른다. 나무와 풀, 꽃과 이끼까지도 인간의 존재에 반응하며 독을 퍼뜨리고 있었기 때문이다.

민규는 아침 일찍 일어나 엄마를 도와 텃밭에서 상추를 따고 있었습니다. 그러다 나를 발견하곤 달려와 질문을 쏟아냈습니다.

삼촌, 식물도 기분 나쁘면 공격할 수 있어요?

왜, 상추가 너를 물기라도 했니?

어제 뉴스에서 봤는데, 어떤 식물은 독을 만들어서 곤충도 죽이고 다른 식물에 위험하다는 신호까지 보낸다고 하더라고요. 어떻게 그런 게 가능해요?

우리 민규, 오늘도 궁금한 게 많구나! 그건 식물이 '화학적 신호'를 이용하기 때문이야. 사실 식물들도 동물 못지않게 서로 소통할 수 있거든. 마침, 오늘 보려고 했던 영화도 식물이 주인공인 〈해프닝〉이라는 작품인데, 같이 볼래?

영화 〈해프닝〉의 한 장면

와, 정말 사람들을 자살하게 만드는 식물이 있어요? 집에 있는 식물 모두 내다 버려야겠는걸요!

그럴 필요까진 없어. 대부분은 안전하니까. 하지만 자연 속에는 사람의 생명을 위협할 만큼 강력한 독성을 지닌 식물들도 있지. 더 놀라운 건, 그중 일부는 사람의 정신이나 신경계에 영향을 미쳐 영화처럼 자살을 유발하기도 한다는 거야.

 재난 영화 속 기후환경 빼먹기

예를 들어, 우리에게 일명 '투구꽃'으로 알려진 아코니툼Aconitum이라는 식물이 있는데, 이 꽃에는 아코니틴Aconitine이라는 독 성분*이 들어 있어.

이 성분은 인체의 신경계와 심장 근육에 작용해 마비와 심정지를 일으킬 수 있어. 아주 소량만 섭취해도 입 주변의 감각 이상이나 구토, 호흡 곤란, 심장 부정맥 등의 증상이 나타나고, 심한 경우 사망에 이를 수도 있지.

실제로 고대 로마나 중국에서는 이 식물을 독살용이나 자살용으로 사용했다는 기록이 남아 있어. 그만큼 위험한 식물이지만, 일상에서 마주치는 대부분의 식물은 안전하니 걱정하지 않아도 돼.

또한 벨라도나Belladonna라는 식물은 예쁜 이름과는 달리, 그 안에

벨라도나의 열매

---

* 원래는 생물체가 가지고 있는 독이기에 '독신Toxin'이란 단어를 사용해야 하지만 여기서는 '독'으로 표시함

아트로핀Atropine과 스코폴라민Scopolamine 같은 신경계에 작용하는 물질이 들어 있지.

이 물질들을 섭취하면 현실 감각을 잃고 환각 증세에 빠지거나 방향 감각이 흐려질 수 있어. 심해지면 자신이 누구이고 주변 사람이 친구인지 적인지조차 구분하지 못하는 상태가 되지. 이러한 극도의 혼란 상태에 이르면 고층에서 뛰어내리는 등의 위험한 행동을 일으킬 가능성이 높아져. 실제로 약물에 의한 착란으로 사고나 사망에 이른 사례가 보고되기도 했거든.

흥미로운 건 이 식물이 고대에는 미용 목적으로도 사용되었다는 사실이야. 특히 고대 로마 여성들과 클레오파트라가 이 식물을 눈동자를 확대하는 데 사용했다는 기록이 있어. 눈이 커 보이면 더 매력적으로 보이겠지만, 그 독성을 생각하면 매우 위험한 방식이었지.

또한, '자살 나무Cerbera odollam'라는 별명을 가진 식물도 있어. 이 나무는 주로 인도와 동남아 지역에서 자라는데, 그 씨앗에는 세르베린Cerberin이라는 치명적인 독성 물질이 들어 있거든. 이 세르베린은 심장의 전기신호를 방해해 부정맥을 유발하고, 심장박동을 멈추게 하는 작용을 하지.

실제로 이 씨앗을 삼켜 극단적인 선택을 한 사례가 수백 건 이상 보고되었을 정도야. 특히 인도에서는 쉽게 구할 수 있어 조용한 자살 수단으로 악용되고 있지. 그런 이유로 사람들은 이 식물을 자살 나무라고 부르게 된 거야.

그럴 것 같지? 하지만 식물도 나름의 방식으로 자신을 방어하고 있어. 움직이지는 못해도 놀라울 정도로 다양한 생존 전략을 갖고 있거든. 여기에는 크게 두 가지 방식이 있어. 하나는 물리적인 방어이고, 다른 하나는 화학적인 방어야.

먼저, 물리적 방어는 말 그대로 몸으로 막는 거야. 예를 들어, 장미나 선인장의 뾰족한 가시는 동물들이 다가오지 못하게 막는 장치야. 또 어떤 식물은 잎 표면에 아주 미세한 털이 있어 곤충이 쉽게 미끄러지거나 불편함을 느끼게 하고, 잎 자체가 두껍고 질겨서 초식동물이 씹는 걸 포기하게 만들어. 기린 같은 초식동물도 이런 식물은 잘 건드리지 않아.

두 번째는 화학적 방어인데, 이게 식물의 진짜 무기야. 식물들은 다양한 화학물질, 즉 독이나 약 같은 성분을 만들어 자신을 스스로 보호하거든. 예를 들어, 담배 식물은 니코틴Nicotine이라는 독성 물질을 이용해 곤충의 신경계를 마비시켜. 커피 식물은 카페인Caffeine을 만들어 해충이 접근하지 못하게 하고, 어떤 식물은 페놀Phenol 계열 화합물을 만들어 곰팡이나 박테리아 같은 미생물의 침입을 막기도 하지. 우리가 향긋하다고 느끼는 피톤치드Phytoncide도 사실은 식물이 자신을 지키기 위해 내뿜는 방어 물질이야.

이렇게 식물이 절대 무력하지 않다는 사실, 알고 나면 좀 달라 보이지 않니?

꼭 그렇지도 않아. 식물들도 자기 자리를 지키기 위해 다른 식물을 몰아내는 전략을 쓰기도 하거든. 앞에서 말한 화학적 방어를 곤충이나 미생물이 아니라 다른 식물을 견제하는 데 사용기도 하는데, 이걸 타감작용Allelopathy이라고 불러. 영어 단어를 풀어보면 접두어 'alle-'는 '서로'를, 접미사 '-pathy'는 '영향·작용'을 뜻하지. 따라서 타감작용他感作用이란 말은 한 생물이 분비한 물질이 다른 생물의 발아, 생장, 생존, 생식 등에 영향을 준다는 의미로 해석할 수 있어.

소나무 아래를 한번 살펴봐. 다른 양지바른 곳과 비교하면, 풀이나 다른 식물의 수가 훨씬 적다는 걸 알 수 있을 거야. 여기엔 바로 소나무의 생존 전략이 숨어 있지.

소나무는 잎과 뿌리에서 테르펜Terpene이라는 화학물질을 내보내. 이 물질은 토양으로 퍼져 주변 식물의 씨앗 발아나 뿌리 성장을 방해하지. 게다가 소나무잎은 산성 성분이 강해서 낙엽이 쌓이면 흙이 점점 산성화되고, 울창한 가지와 잎은 햇빛까지 차단해 버려.

이런 복합적인 조건 때문에, 소나무 아래는 다른 나무들보다 유독 휑한 느낌을 주는 거야. 그래도 모든 식물이 못 자라는 건 아니야. 진달래나 철쭉처럼 산성 토양에 강한 식물은 소나무 주변에서도 잘 자라거든.

이 밖에도 타감작용을 하는 식물들이 더 있어. 예를 들어 호두나무는

소나무의 타감작용

뿌리뿐만 아니라 줄기, 잎, 심지어 떨어진 낙엽에서도 '유글론Juglone' 이라는 독성 물질을 만들어내지. 이 유글론은 빗물에 씻겨 토양으로 스며들어 오랫동안 근처 식물의 씨앗 발아나 뿌리 생장을 억제하고, 일부 식물의 잎을 시들게 만들어. 특히 감자, 토마토, 사과나무 같은 작물은 유글론에 매우 민감해서 호두나무 주변에서는 제대로 자라기 어렵지. 옛날부터 농부들 사이에선 '호두나무 근처에는 밭을 만들지 말라'는 말이 전해져 내려올 정도야.

쑥도 대표적인 타감식물이야. 뿌리에서 나온 화학물질이 다른 풀이나 작물 씨앗의 발아를 막아버리거든. 그런데 재미있는 사실은 벼 같은 작물 중에는 잡초의 성장을 억제하는 품종도 있다는 거야. 이런 식물의 타감작용 특성을 농사에 활용하면 제초제를 덜 쓰면서도 친환경 농업을 실현할 수 있지.

또한, 유칼립투스나 자작나무 같은 나무들도 잎이나 낙엽에서 나오는 화학물질로 주변 식물의 발아나 생장을 억제한다고 알려져 있어. 이렇게 식물들이 서로 보이지 않는 경쟁을 벌인다는 사실이 정말 신기하지 않니?

식물 중에 곤충을 잡아먹는 종도 있지 않나요?

맞아. 곤충을 쫓아내는 것을 넘어서 아예 직접 잡아먹는 식물도 있는데, 이를 식충식물Carnivorous Plants이라고 부르지. 이들은 주로 습지나 산성 토양처럼 질소나 인 같은 무기 영양분이 부족한 곳에서 살아가는 식물이야. 뿌리로는 필요한 영양분을 얻기 어려우니까 곤충을 잡아먹는 특별한 전략을 선택한 거지.

대표적인 식충식물로는 파리지옥Venus Flytrap이 있어. 이 식물은 사람 입처럼 생긴 잎 속에 감각털이 달려 있는데, 곤충이 이 털을 30초 이내에 두 번 이상 건드리면 잎을 닫아서 곤충을 가두지. 이건 단순한 반응이 아니라, 식물이 전기신호를 이용해 움직이는 현상이야. 곤충이 잡히면 잎에서 소화효소를 분비해 천천히 분해하고, 그 안의 질소 같은 영양분을 흡수하지.

또 다른 식충식물인 벌레잡이통Pitcher Plant은 컵 모양의 깊은 잎을 가지고 있는데, 안쪽이 미끄럽고 점액질이어서 곤충이 한 번 들어가면 빠져나오지 못해. 그 안에는 소화효소나 공생 미생물이 있어서 천천히 분해한 후 영양분을 흡수하는 거야.

끈끈이주걱Sundew은 끈적끈적한 액체를 분비하는 털이 잎에 달려 있어서, 곤충이 닿으면 붙어버려. 이후 잎이 천천히 말려 들어가며 곤충을 감싸는 방식으로 소화하지.

우리가 흔히 식물을 조용하고 수동적인 존재로만 생각하는데, 식충

곤충을 잡아먹는 파리지옥

식물처럼 능동적으로 환경에 대응하고 생존하는 식물들도 있다는 게 놀라울 뿐이지. 식물의 세계는 우리가 아는 것보다 훨씬 더 역동적이고, 놀라운 생명체들로 가득한 곳이야.

그럼, 영화에서처럼 식물들이 향기를 내뿜는 건 모두 자기방어를 위한 거예요?

식물은 보통 수분受粉을 위해 곤충을 향기로 유인해. 하지만 그 향기

가 항상 달콤한 목적만 가지는 건 아니야. 향기의 일부인 휘발성 유기 화합물VOCs: Volatile Organic Compounds은 종족 방어를 위한 화학적 신호로 사용되기도 하거든.

예를 들어 기린이 아카시아잎을 뜯어먹기 시작하면, 위협을 감지한 아카시아는 공기 중으로 에틸렌 가스를 내보내. 이 신호를 받은 주변 아카시아들은 '우리도 위험하겠구나!' 하고 인식해서, 자기 잎에 독성 성분을 만들어내는 방어 반응을 시작하지.

민들레나 토마토 중에 병에 걸린 식물들도 VOCs를 통해 주변 식물에 '위험이 가까이 있다'라는 신호를 보내서 미리 대비하게 하는 효과를 준다고 알려져 있어.

더 흥미로운 건, 어떤 식물은 자신을 공격하는 해충의 천적을 불러들인다는 점이야. 예를 들어, 옥수수는 해충이 잎에 알을 낳으면 그 냄새를 감지하고, 그 해충의 천적인 기생말벌을 유인하는 VOCs를 방출해. 그걸 맡은 말벌은 그곳으로 날아와 해충의 알을 제거하고, 그 자리에 자신의 새끼를 낳아 키워. 결국 해충은 사라지고, 옥수수는 피해를 보지 않게 되는 거지.

식물도 기억 비슷한 기능을 가지고 있긴 해. 미모사Mimosa pudica라는 식물은 손으로 톡 건드리면 잎이 스르르 접히는 식물로 유명하지.

그런데 오스트레일리아의 식물학자인 모니카 갈레아노Monica Gag-liano가 이 미모사를 이용한 실험에서 흥미로운 결과를 발견했어. 미모사 화분을 위에서 톡 떨어뜨리면 잎이 놀라서 접히는데, 이걸 수십 번 반복하니까 더 이상 잎이 접히지 않더라는 거야. 미모사가 '아, 이건 더 이상 위험한 게 아니구나' 하고 학습한다는 거지. 더욱 놀라운 건 이런 사실을 몇 주까지도 기억한다는 거야.

이러한 결과는 식물이 위험하지 않은 자극에 대한 반응을 줄이는 습관화를 보여준 예로, 일종의 기억과 유사한 현상으로 해석할 수 있어. 동물의 신경세포가 정보를 저장하는 방식과는 다르지만, 식물도 전기신호와 화학반응을 통해 외부 자극에 적응하고 정보를 일정 기간 유지할 수 있다는 점이 매우 흥미로운 부분이지.

지금까지 살펴본 것처럼, 식물은 단지 멀뚱히 서 있는 존재가 아니야. 자신을 지키고 주변과 소통하며 필요하면 도움까지 요청할 줄 아는 소위 '생각하는 존재'라고도 볼 수 있어. 우리가 무심코 지나치는 풀 한 포기, 나무 한 그루도 사실은 보이지 않는 전쟁터에서 살아남기 위해

갈레아노의 미모사 실험 ⓒEBS 지식채널e 캡처

매일 같이 엄청난 투쟁을 벌이고 있는 셈이지.

식물이 의사소통한다는 얘기는 감정도 있다는 말인가요?

식물이 감지할 수 있는 건 우리가 생각하는 것보다 훨씬 다양해. 우리는 눈과 귀, 코, 피부 같은 오감으로 세상을 느끼지만, 식물은 빛과 온도, 습도, 중력, 전기장, 그리고 소리까지 감지할 수 있다는 연구 결과가 있어.

예를 들면 해바라기는 태양을 따라 방향을 바꾸고, 덩굴식물은 주변 기둥이나 다른 식물을 감지해 스스로 감아올려 가며, 빛의 파장 차이를 구별해 꽃이 피는 시기까지 조절하지.

그렇다고 해서 식물이 사람처럼 의식이나 감정이 있다고 보긴 어려워. 왜냐하면 식물은 뇌나 신경계가 없기 때문이야. 하지만 식물은 다양한 감각으로 주변을 인식하고, 그 정보를 처리하는 과정에서 마치 선택하듯 반응해. 그래서 일부 과학자들은 식물을 더 이상 단순한 무생물 같은 존재가 아닌, 복잡한 정보처리 체계를 가진 행동하는 생명체로 보고 연구하고 있지.

한 가지는 분명해. 식물은 감정은 없더라도 스스로 정보를 처리하고 주변과 소통하며 살아가는 존재야. 이제는 식물도 그저 장식이나 배경이 아닌, 함께 살아가는 생명체로서 존중할 필요가 있어.

식물도 스트레스를 받는다고 했는데, 도대체 식물이 어떤 스트레스를 받

예를 들어 기온이 너무 높거나, 비가 너무 오랫동안 내리지 않거나, 공기 오염이 심한 곳에선 식물도 '긴장 상태'에 들어가거든. 그 결과 방어 물질을 더 많이 만들거나, 생장 속도를 조절하기도 하지.

실제로 과학자들이 실험한 결과, 도시 근처에서 자라는 단풍나무는 산속에 있는 단풍나무보다 훨씬 많은 피톤치드를 만들어내는 것으로 밝혀졌어.

왜 그럴까? 도시에는 자동차 매연, 소음, 빛 공해 같은 스트레스 요인이 많잖아. 이런 자극들이 단풍나무를 긴장하게 만들어 더 많은 방어 화학물질을 분비하게 만드는 거지.

또 다른 예로는 삼림 벌채를 들 수 있어. 숲이 잘려 나가고 주변 나무들이 사라지면, 남은 나무는 갑자기 강한 햇빛과 높은 온도, 건조한 공기에 노출돼.

이러한 변화는 마치 우리가 그늘에 있다가 갑자기 햇볕 아래로 나갔을 때처럼 나무에도 큰 스트레스가 되지. 그럴 때 나무는 잎에 독성 물질을 더 많이 만들어서 해충의 접근을 막으려고 하지. 이는 일종의 산화 스트레스에 대한 방어 반응이라고 할 수 있어.

식물들이 스트레스를 받았을 때 방출하는 독성 물질은 인간에겐 안전한 거예요?

꼭 그렇지는 않아. 어떤 식물들은 스트레스를 받을 때 독성이 아주

아주까리 · 아주까리의 씨앗(피마자)

강한 화학물질을 만들어내기도 하거든.

대표적인 예가 아주까리Castor Bean라는 식물이야. 이 식물은 리신Ricin이라는 독성 단백질을 만들어내는데, 스트레스 상황이나 환경 변화에 따라 리신 농도가 더 짙어질 수 있어. 아주까리의 씨앗은 우리나라에서 피마자蓖麻子라고 불리고, 이 씨앗에서 짠 기름은 예전부터 피마자유Castor oil라는 이름으로 호롱불 연료나 머릿기름, 심지어 해독용 설사약으로도 사용되었지.

그런데 주의해야 할 점이 있어. 피마자유는 안전하지만, 씨앗 자체는 매우 위험하거든. 씨앗 1개에 들어 있는 리신 1g만으로도 수십 명의 생명을 위협할 수 있을 정도로 강한 독성을 갖고 있지. 그래서 피마자 씨앗은 아주 작은 양도 절대 먹어서는 안 되는 독성 식물이야.

리신은 우리 몸 세포 속 리보솜Ribosome을 파괴해 단백질 합성을 강력하게 억제하는 성질이 있어. 쉽게 말하면, 세포가 살아가기 위해 꼭 필요한 단백질 합성을 멈추게 만드는 거지. 이 상태가 지속되면 세포는 결국 죽게 되고, 장기들도 손상되면서 심각한 결과를 초래할 수 있어. 그래서 리신을 흡입하거나 섭취하면 구토, 고열, 장기 손상 같은 증상이 나타나고, 심하면 사망에 이를 수도 있지. 첩보 영화에서 극소량의 리신이 독살용으로 자주 등장하는 것도 바로 이런 이유 때문이야.

특히 피마자 씨앗을 생으로 먹는 건 매우 위험해. 한두 개만으로도 치명적인 결과를 일으킬 수 있거든. 따라서 피마자를 안전하게 사용하려면, 반드시 기계적 압착과 고온 처리를 통해 씨앗 속 리신을 제거하는 과정을 거쳐야 해. 여기에 정교한 정제 과정을 추가하면, 의약품이나 화장품, 식품첨가물, 윤활유 같은 다양한 제품으로 활용할 수 있지. ●

식물도 기억할 수 있을까?

식물은 움직이거나 소리 내지 않기 때문에, 사람들은 식물이 기억하거나 반응할 수 없다고 생각합니다. 하지만 최근에는 식물도 전기신호를 통해 외부 자극에 반응한다는 연구 결과들이 잇따라 발표되고 있습니다.

공대생들로 구성된 과학·공학 콘텐츠 제작소 〈긱블〉에서 제작한 재미있는 실험을 하나 소개할까 합니다. 실험 개요는 다음과 같습니다. 한 식물이 놓인 방에 10명의 사람이 매일 드나들게 했는데, 그중 한 사람만이 일부러 식물의 잎을 반복해서 훼손하도록 했습니다. 며칠 후, 연구자들은 식물에 전기신호를 측정할 수 있는 센서를 부착한 뒤, 같은 10명이 차례로 식물 앞을 지나가게 했습니다.

결과는 매우 흥미로웠습니다. 아무런 해를 끼치지 않았던 9명이 지나갈 때는 식물의 전기 신호에 큰 변화가 없었지만, 잎을 훼손했던 사람이 다가오자 전기적 반응이 뚜렷하게 달라졌다고 합니다. 이 실험은 식물이 반복된 상처 자극을 일종의 '기억'처럼 유지하고, 비슷한 상황에서 조건반사처럼 반응할 가능성을 보여줍니다.

식물의 기억력실험 ⓒ과학 유튜브 〈긱블〉

실제로 식물은 해충의 공격, 빛, 접촉, 온도변화 같은 외부 자극에 대해 '활동전위Action Potential'라는 전기신호를 생성해 정보를 전달하고, 내부 생리작용을 조절한다는 연구 결과가 다수 보고되었습니다.

물론 이 실험은 공식 학계에서 충분히 검증된 것은 아닙니다. 하지만 식물 역시 정보를 감지하고 일정 기간 기억처럼 유지하며 상황에 따라 반응할 수 있다는 점을 보여주는 흥미로운 사례로 볼 수 있습니다.

식물은 우리가 생각하는 것보다 훨씬 더 복잡하고 능동적인 존재일 수도 있습니다. 그 조용한 잎과 줄기 속에는 우리가 다 밝히지 못한 거대한 생명의 언어가 숨 쉬고 있을지도 모르니까요. ●

파리지옥이 30초 이내에 두 번째 접촉이 있어야만 입을 닫는 이유가 무엇인지 생각해 보세요.

#Disaster_Movie

미생물의 반격

HBO 드라마 시리즈 1 〈라스트 오브 어스〉

(2023)

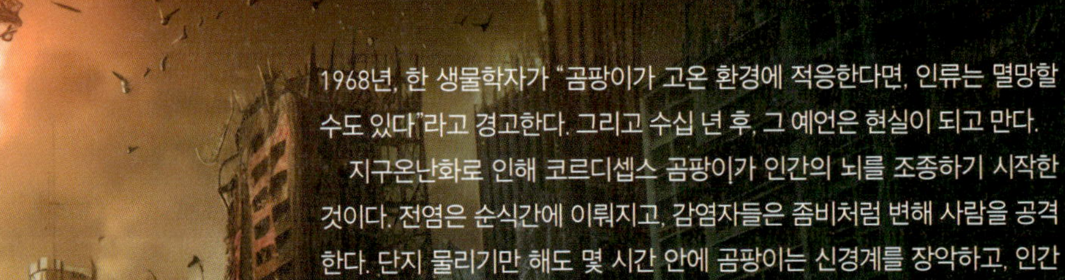

1968년, 한 생물학자가 "곰팡이가 고온 환경에 적응한다면, 인류는 멸망할 수도 있다"라고 경고한다. 그리고 수십 년 후, 그 예언은 현실이 되고 만다.

지구온난화로 인해 코르디셉스 곰팡이가 인간의 뇌를 조종하기 시작한 것이다. 전염은 순식간에 이뤄지고, 감염자들은 좀비처럼 변해 사람을 공격한다. 단지 물리기만 해도 몇 시간 안에 곰팡이는 신경계를 장악하고, 인간을 잔혹한 생물병기로 만든다. 이 감염병은 순식간에 전 세계로 퍼지며 문명을 무너뜨린다. 정부는 속수무책으로 붕괴되고, 살아남은 자들은 군사 정권 아래에서 비참한 삶을 이어간다.

20년 후, 황폐해진 도시에서 생존자 조엘은 한 소녀 엘리를 만난다. 놀랍게도 엘리는 곰팡이에 면역을 가진 유일한 존재이다. 조엘은 그녀를 과학자들에게 데려가 백신 개발의 실마리를 제공하려 한다. 하지만 그들의 여정은 절대 쉽지 않다. 폐허가 된 도시, 광기에 휩싸인 감염자들, 그리고 생존을 위해 인간성을 내던진 이들과 끝없는 충돌 속에서 조엘과 엘리는 진정한 생존과 인간다움이 무엇인지 깨닫게 된다.

민규가 학교 과제로 버섯 키우기 키트를 받았다며 나에게 가져왔습니다. 흙에 물을 주고 얼마 안 있어 버섯 포자가 자라나는 게 신기했는지, 민규는 눈을 반짝이며 물었습니다.

삼촌, 버섯이 원래 이렇게 금방 자라요? 이 속도로 자라다간 지구를 금세 뒤덮을 것 같아요.

오늘은 바로 그 얘기를 하려고 해. 버섯이 인간을 지배하는 세상을 다룬 〈라스트 오브 어스〉라는 드라마가 있거든.

HBO 드라마 〈라스트 오브 어스〉의 한 장면

삼촌, 그런데 곰팡이는 어떤 생물이에요?

사실 곰팡이나 버섯은 식물도 아니고 그렇다고 동물에도 속하지 않는, 균류라는 독립된 생물계에 속해. 이는 지구의 다른 생물들보다 10억 년 이상 먼저 나타났을 정도로 오랜 역사를 지닌 생물이지. 균류 Fungi가 어떤 생물인지 알고 싶으면 먼저 생물의 분류 체계를 알아보는 게 좋아.

우리는 생물을 크게 세균역, 고세균역, 진핵생물역 등으로 분류해. 그중 진핵생물역은 다시 원생생물계, 동물계, 식물계, 그리고 균류(곰팡이)로 나뉘지. 이런 분류는 아주 전통적인 방식이라 할 수 있어.

최근에는 분자생물학적 분석 기법, 특히 DNA와 RNA 염기서열을 이용한 방법이 등장하면서 생물 분류 방식도 새롭게 바뀌었어. 새로운 체계에 따르면 진핵생물은 다음과 같이 크게 네 그룹으로 나뉘지.

재난 영화 속 기후환경 빼먹기

- 고색소체류Archaeplastida: 식물을 포함

- 오피스토콘타Opisthokonta: 동물과 균류 포함

- SAR 그룹: 부등편모류Stramenopila, 피하낭류Alveolata, 근족사상류Rhizaria,

- 섭식구굴착류Excavata

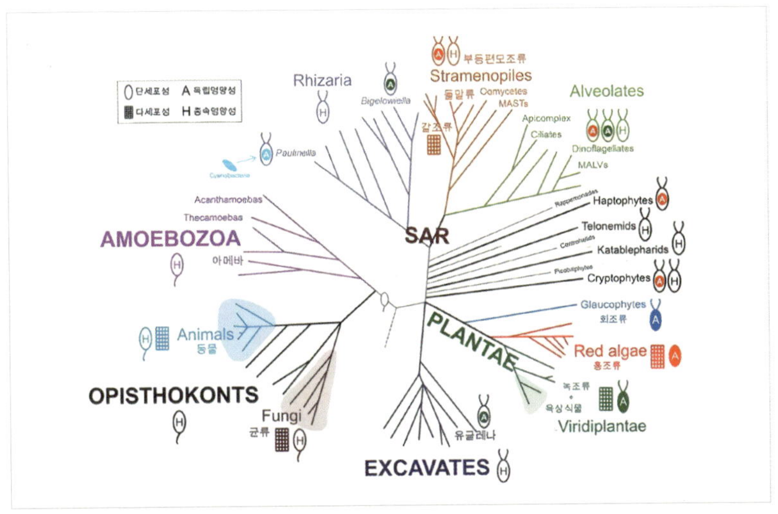

진핵생물 분류표 ⓒ나무위키

그런데 여기에 흥미로운 점이 하나 있어. 동물과 균류가 같은 그룹인 오피스토콘타Opisthokonta에 속한다는 점이야. 오피스토콘타라는 이름은 '뒤쪽에 편모를 가진 생물'이라는 뜻인데, 이는 동물의 정자세포나 어떤 균류가 편모를 가진다는 점에서 기원적으로 공통성이 있다는 것

을 의미해.

또한, 균류의 세포벽은 키틴Chitin이라는 성분으로 이뤄져 있는데, 이건 식물의 세포벽 성분인 셀룰로오스Cellulose와는 완전히 달라. 이러한 유전적·세포적 특성들 때문에, 곰팡이를 비롯한 균류는 유전적으로 식물보다 동물에 더 가까운 생물군으로 여겨지고 있어.

곰팡이는 처음엔 미생물 형태로 존재했어. 하지만 진화를 거듭하면서 우리가 아는 버섯 형태의 자실체Fruiting Body를 형성하거나 기생생활을 하게 되었지. 이후에는 죽은 동물이나 식물의 유기물을 분해하는 생태계의 청소부 역할도 하게 된 거고.

곰팡이 중 일부는 곤충에 기생하는 종류도 있고, 어떤 곰팡이는 식물 뿌리와 공생하면서 서로 양분을 나눠 가지기도 해. 이러한 공생관계를 균근Mycorrhiza이라고 부르지.

설마 영화처럼 곰팡이가 사람을 좀비로 만들진 않겠죠?

영화에서는 확실히 과장된 부분이 많아. 하지만 자연계에도 곰팡이가 숙주의 행동을 조종하는 사례는 실제로 존재해.

가장 대표적인 예가 바로 코르디셉스Cordyceps라는 기생 곰팡이야. 이 곰팡이는 주로 곤충이나 절지동물 같은 작은 생물을 숙주로 선택해. 그리고 체내에 침입한 뒤, 몸속에서 자라다가 결국 숙주를 죽이고 숙주의 몸 밖으로 버섯처럼 자실체를 내밀지.

코르디셉스는 자연에서 흔히 '좀비 곰팡이'라고 불리는데, 그 이유는 감염된 곤충들이 곰팡이에 의해 행동을 통제당하는 모습이 마치 좀비 같기 때문이야.

예를 들어 개미가 평소와는 다른 방향으로 움직이다가 죽기 직전 높은 나뭇가지에 올라가 입으로 매달리는 행동을 보일 때가 있거든. 이건 개미를 감염시킨 곰팡이가 포자를 널리 퍼뜨리기 위한 전략이야.

곰팡이의 포자(씨앗)는 개미의 외골격에 달라붙은 뒤, 균사Hypha라 불리는 가느다란 실을 뻗어내. 이 균사는 곤충의 단단한 껍질을 녹이거나 틈을 찾아 침투한 뒤, 몸속으로 들어가 내부 조직에 자리 잡지.

여기서 용어 정리가 약간 필요한데, 개미 몸에 들어간 곰팡이의 몸체를 균사체Mycelium라 말하고, 나중에 개미의 몸 밖으로 길게 솟아나 포자를 퍼뜨리는 부위를 앞에서 말한 버섯 형태의 자실체라 불러.

일단 침입에 성공한 곰팡이는 개미의 체액, 즉 혈림프Hemolymph를 통해 온몸으로 퍼지며 영양분을 흡수하기 시작해. 하지만 그 곰팡이의 목적은 단순히 숙주를 죽이는 데 있지 않아. 그보다는 개미의 신경계에

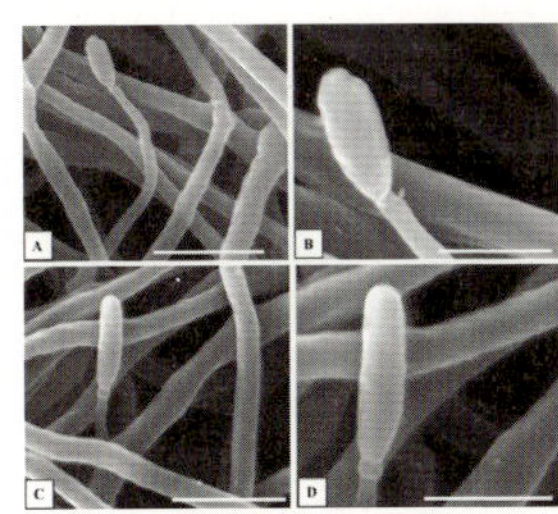

코르디셉스의 균사
전자현미경 사진

개미의 목에서 뻗어 나오는
코르디셉스의 자실체

영향을 끼쳐 행동을 조종하는 데 초점이 맞춰져 있거든.

놀라운 점은 곰팡이가 근육이나 장기 같은 주요 기관은 거의 손상하지 않고, 대신 신경전달물질을 조작해 개미의 행동을 변화시킨다는 거야. 그 결과 근육 조절과 방향 감각에 이상이 생긴 개미는 무리에서 벗어나 평소에는 절대 가지 않는 높은 잎사귀나 나뭇가지 끝으로 기어가지. 그리고 턱의 악력을 이용해 나뭇가지에 매달려 죽게 돼. 그래서 이러한 개미의 행위를 '죽음의 물기Death Grip'라고 부르기도 해.

죽은 개미는 나뭇가지에 대롱대롱 매달린 채 남게 되고, 곰팡이는 개미의 머리 뒤쪽에서 길게 뻗어 올린 자실체를 통해 포자를 퍼뜨려 새로운 숙주를 또다시 감염시키지.

이처럼 코르디셉스 곰팡이는 숙주의 행동을 조종해 자신이 퍼지기 좋은 환경을 유도하고, 그 기생생활을 끊임없이 반복하는 놀라운 생존 전략을 쓰고 있어.

그럼, 인간도 그런 곰팡이에 감염될 수 있다는 말이에요?

가능성은 작지만, 완전히 배제할 수는 없지. 인간의 체온은 약 36.5℃ 정도인데, 다행히도 대 부분의 곰팡이는 30℃ 이상에서는 생존이 어렵기 때문에 지금까지는 큰 위협이 되지 않았어. 하지만 최근 들어 고온 환경에서도 살아남는 곰팡이들이 발견되고 있어서 주의가 필요해.

고온 환경에서도 살아가는 곰팡이를 호열성 곰팡이Thermophilic Fungi라고 부르는데 이들은 30℃ 이상, 심지어 50~60℃에 이르는 고

 재난 영화 속 기후환경 빼먹기

온 환경에서도 생존할 수 있어서 사막이나 온천, 퇴비 더미나 산업 폐수와 같은 고온의 환경에서도 발견되지. 이 곰팡이들은 고온에서의 단백질 변성을 막는 특수한 효소를 만들고, 세포막 역시 열에 견디기 좋게 구성되어 있어.

예를 들어 아스페르질루스 푸미가투스Aspergillus fumigatus라는 곰팡이는 사람 체온보다 높은 37℃ 이상에서도 잘 자라는데, 이게 폐 안으로 들어가면 감염을 일으켜서 '폐 곰팡이병' 같은 질병을 일으킬 수 있어.

서모마이세스 라누지노수스Thermomyces lanuginosus는 고온에서도 작동하는 특별한 효소를 생산하기 때문에 썩은 나뭇더미나 퇴비처럼 뜨거운 곳에서 생존할 수 있어. 그 덕분에 이 효소는 세제나 바이오에너지 같은 산업 분야에서도 아주 유용하게 쓰이지.

한편, 리조뮤코르 푸실루스Rhizomucor pusillus라는 곰팡이는 무려 45~55℃ 사이의 열기 속에서도 끄떡없어. 이 곰팡이는 단백질을 분해하는 효소를 잘 만들어서 연구실이나 공장에서 활용되고 있어.

삼촌, 버섯은 곰팡이랑 같은 거예요?

좀 헷갈리지? 버섯도 넓은 의미에선 곰팡이라고 볼 수 있어. 정확히 말하면, 버섯은 곰팡이 중에서 자실체라고 불리는 눈에 보이는 생식 구조를 뜻해. 곰팡이 대부분은 실처럼 생긴 균사 형태로 흙 속이나 나무 안에서 자라기 때문에 우리 눈에 잘 띄지 않아. 이들 중 일부는 환경 조건이 맞으면 자실체를 형성하고, 그중 몇몇은 우리가 알고 있는 버섯의 형태로 자라나지.

어떤 버섯은 독을 가지고 있다면서요?

맞아. 일부 버섯은 매우 강한 독성을 지니고 있는데, 아마톡신Ama-
nitin 같은 성분은 사람에게 치명적일 수 있어. 종류에 따라서는 극소량
만으로도 간이나 신장을 망가뜨릴 수도 있지.

혹시 '마법의 버섯'이라는 말 들어본 적 있니? 실제로 어떤 버섯은
사람에게 환각을 일으키는 특이한 성분을 가지고 있거든. 그중에서도
사일로사이빈Psilocybin이라는 성분이 대표적인데, 이 물질이 몸속에
들어오면 사일로신Psilocin이라는 형태로 바뀌어 뇌에 작용하지.

사일로신은 뇌 속 신경전달물질인 세로토닌과 구조가 유사해서, 뇌

마법의 버섯 ©Flickr

 재난 영화 속 기후환경 빼먹기

세로토닌의 화학 구조

사일로사이빈의 화학 구조

의 세로토닌 수용체(특히 5-HT2A)에 쉽게 달라붙을 수 있어. 그러면 뇌는 세로토닌이 들어왔다고 착각해 감각 정보를 처리하는 과정에 혼란이 생기게 되지. 그 결과 아무것도 없는데 색이 보인다거나, 음악을 들으면 색이 느껴지는 등의 '공감각'이라는 특별한 현상이 나타나기도 해.

놀라운 점은 사일로신으로 인해 DMNDefault Mode Network이라 불리는 뇌 네트워크의 활동이 억제된다는 거야. 이 네트워크는 '나 자신'이라는 감각, 즉 자아의식을 만드는 뇌의 영역이야. 이 활동이 억제되면 몸과 나를 분리된 존재처럼 느끼거나, 세상과 내가 하나가 된 듯한 감각을 경험하기도 해. 이런 버섯을 먹으면 자신도 모르게 위험한 행동을 할 수도 있어.

그런데 곰팡이들이 왜 이렇게 위험하게 진화한 거예요?

그건 곰팡이의 생존 전략과 관련이 있어. 곰팡이나 버섯은 너도 알다시피 스스로 움직일 수 없잖아? 그러니 누군가 자신을 건드리거나 먹으려 하면 화학물질, 즉 독소를 만들어서 쫓아내는 방식으로 자신을 보호하는 거야. 곤충이나 동물들도 곰팡이의 이런 독성을 본능적으로 알고 피하려 하거든. 결국 곰팡이의 독은 오랜 공생과 경쟁의 진화 과정에서 생겨난 생존 도구인 셈이지.

그럼, 곰팡이는 우리에게 아주 쓸모가 없는 존재인가요?

그렇진 않아. 곰팡이라고 하면 보통 썩은 음식에서 나는 냄새나 푸른 얼룩을 떠올리기 쉽지. 하지만 알고 보면 곰팡이는 약이 되기도 하고, 독이 되기도 하는 굉장히 이중적인 생명체야.

먼저 곰팡이로 만들어진 유명한 약이 있는데, 바로 페니실린Penicillin이지. 1928년에 알렉산더 플레밍Alexander Fleming이라는 과학자는 우연히 곰팡이 한 종류가 세균을 죽이는 걸 발견했고, 이로부터 인류 최초의 항생제가 만들어졌어. 덕분에 예전엔 치명적이던 세균성 감염병들도 치료할 수 있게 되었지.

그 외에도 스타틴Statin이라는 콜레스테롤을 낮추는 약이나 장기이식에 쓰는 면역억제제나 다른 항생제들도 사실 다 곰팡이에서 유래한 거야.

반대로 곰팡이가 만들어내는 독도 만만치 않아. 예를 들어 아플라톡신Aflatoxin이라는 물질은 땅콩이나 옥수수에 생기는 곰팡이에서 만들

 재난 영화 속 기후환경 빼먹기

쌀에 생긴 1급 발암물질 아플라톡신

어지는데, 1급 발암물질로 분류될 정도로 아주 위험해. 소량만 섭취해도 간암을 일으킬 수 있어서 전 세계 식품 안전 관리에서 매우 중요하게 다뤄지고 있어.

또, 에르고타민Ergotamine이라는 독성 물질은 중세 유럽에서 오염된 빵을 먹은 사람들에게 환각을 일으키거나 손발을 괴사하게 만든 원인으로 알려져 있어. 나중엔 LSDLysergic Acid Diethylamide라는 강력한 환각제의 원료로도 사용되었지.

결국 곰팡이는 어떻게 사용하느냐에 따라 우리에게 생명을 살리는 약이 될 수도 있고, 독이 될 수도 있어. 그러니 겉모습만 보고 무조건 나쁘다고 생각하기에 앞서 곰팡이의 다양한 면을 과학적으로 이해하는 게 중요하지. ●

숲속을 연결하는 균근 네트워크

숲속 나무들이 마치 인터넷처럼 서로 정보를 주고받으며 돕고 살아간다는 사실을 아시나요? 이 신비로운 현상을 가능하게 하는 존재는 바로 균근Mycorrhiza입니다. 균근은 곰팡이의 균사와 식물 뿌리가 결합해 만들어진 공생 구조로, 뿌리에 공생하는 곰팡이를 포함한 전체 시스템을 가리킵니다.

곰팡이는 가느다란 균사를 땅속 깊숙이 뻗어 물과 인, 질소 같은 무기물질을 효과적으로 흡수해 식물에 전달합니다. 식물은 그 보답으로 광합성을 통해 만든 당분을 곰팡이에게 건네주죠. 일종의 물물교환이라 할 수 있습니다. 하지만 이러한 공생은 단순히 둘 사이의 거래에서 그치지 않습니다.

최근 연구에 따르면, 여러 식물의 뿌리에 붙어 있는 균근들이 서로 연결되어 땅속에서 거대한 네트워크를 이루고 있다는 사실이 밝혀졌습니다. 이를 두고 과학자들은 '우드 와이드 웹Wood Wide Web'이라는 흥미로운 이름을 붙였습니다.

"예를 들어, 한 나무가 병에 걸리거나 해충의 공격을 받으면, 그로 인한 화학 신호가 균근 네트워크를 통해 주변 나무로 전달되어 방어 반응을 유도합

영화 〈아바타〉의 영혼의 나무에 연결된 나무들의 정보 네트워크

니다. 이 네트워크는 단순한 경고 시스템을 넘어서, 나무들 사이의 양분 이동 통로로도 작용합니다. 실제로 어미 나무가 어린나무에 몰래 영양분을 나눠주는 사례도 관찰된 바 있습니다.

이러한 네트워크는 침엽수, 활엽수, 심지어 풀 같은 식물까지 서로 연결해

숲 전체의 건강과 회복력을 지켜주는 데 중요한 역할을 합니다. 겉으로 보기엔 조용하고 고요한 숲이지만, 땅속에서는 끊임없는 대화와 협력이 오가고 있는 셈이지요. 이제 숲은 단순히 나무들의 모임이 아니라, 서로 연결되어 협력하며 살아가는 하나의 생명 공동체로 바라봐야 합니다. ●

인간의 오남용이 초래한 미생물의 진화에는 어떤 것들이 있는지 생각해 보세요?

 재난 영화 속 기후환경 빼먹기

#Disaster_Movie

곤충의
반격

#Disaster_Movie

FOR THOUSANDS OF YEARS,
MAN HAS BEEN EVOLUTION'S GREATEST CREATION...

UNTIL NOW.

MIRA
SORVINO
JEREMY
NORTHAM
JOSH
BROLIN
AND
CHARLES S.
DUTTON

MIMIC

THE ACCLAIMED NEW SCIENCE-FICTION THRILLER

BRACE YOURSELF FOR THE ULTIMATE BATTLE BETWEEN MAN AND NATURE.

영화 〈미믹〉
(1997)

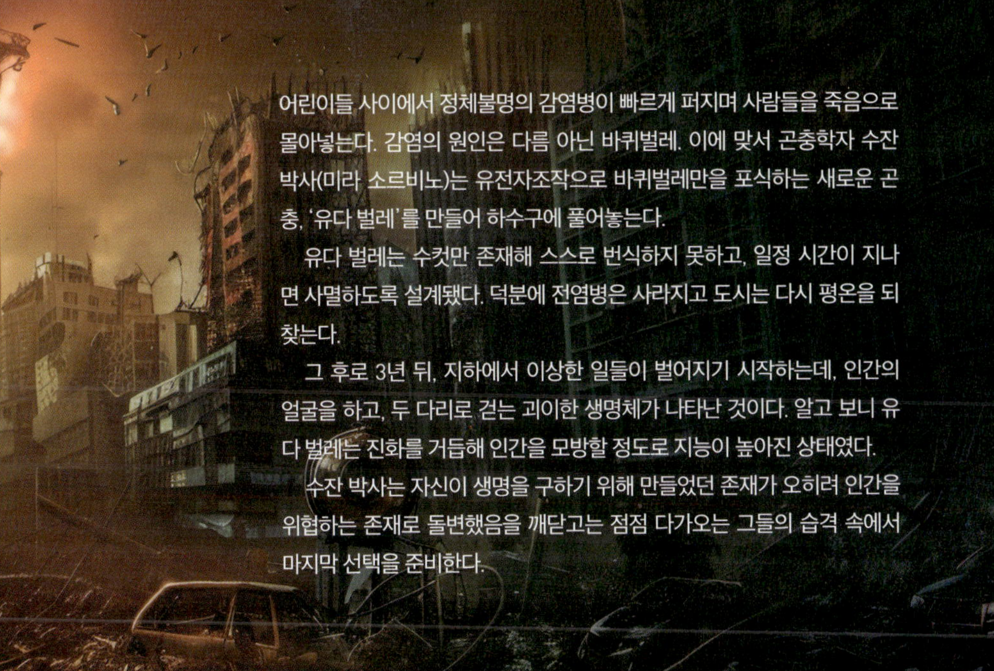

어린이들 사이에서 정체불명의 감염병이 빠르게 퍼지며 사람들을 죽음으로 몰아넣는다. 감염의 원인은 다름 아닌 바퀴벌레. 이에 맞서 곤충학자 수잔 박사(미라 소르비노)는 유전자조작으로 바퀴벌레만을 포식하는 새로운 곤충, '유다 벌레'를 만들어 하수구에 풀어놓는다.

유다 벌레는 수컷만 존재해 스스로 번식하지 못하고, 일정 시간이 지나면 사멸하도록 설계됐다. 덕분에 전염병은 사라지고 도시는 다시 평온을 되찾는다.

그 후로 3년 뒤, 지하에서 이상한 일들이 벌어지기 시작하는데, 인간의 얼굴을 하고, 두 다리로 걷는 괴이한 생명체가 나타난 것이다. 알고 보니 유다 벌레는 진화를 거듭해 인간을 모방할 정도로 지능이 높아진 상태였다.

수잔 박사는 자신이 생명을 구하기 위해 만들었던 존재가 오히려 인간을 위협하는 존재로 돌변했음을 깨닫고는 점점 다가오는 그들의 습격 속에서 마지막 선택을 준비한다.

삼촌! 어제 바퀴벌레가 내 방에 들어왔어요. 진짜 손바닥만 했어요. 거의 공룡 수준이었다니까요!

공룡은 좀 과장이고……. 사실 바퀴벌레가 무서운 이유는 따로 있지.

에이, 그냥 징그럽기만 하잖아요. 뭐가 무서워요?

그럼, 영화 하나 보여줄까? 유전자조작으로 바퀴벌레 킬러 곤충을 만들었는데, 그게 인간처럼 진화한 이야기야.

곤충이 인간처럼 변한다고요? 제목이 뭔데요?

미믹Mimic. '흉내 내는 자들'이라는 뜻이지.

영화 〈미믹〉의 한 장면

삼촌, 영화 보니까 벌레가 엄청 많은데, 진짜로 곤충이 그렇게 많아요?

그럼. 곤충은 지구에서 가장 번성한 생물 그룹 중 하나야. 지금까지 확인된 곤충 종만 해도 100만 종이 넘고, 학자들은 아직 발견되지 않은 것까지 합치면 500만~1,000만 종으로 추정하고 있어. 곤충은 지구에 존재하는 동물 종의 80% 이상일 정도로 많지.

그런데 삼촌, 곤충은 언제부터 존재했어요?

과학자들에 따르면 곤충은 약 4억 7천만 년 전, 데본기 무렵에 처음 등장했어. 처음엔 날개도 없는 작고 단순한 형태였지만, 약 3억 년 전쯤

  재난 영화 속 기후환경 빼먹기

에는 이미 날개 달린 곤충(익형류)이 나타났지. 다른 동물보다 먼저 하늘을 날 수 있었다는 건 엄청난 이점이었어. 그건 다른 동물보다 먹이를 더 쉽게 찾고, 포식자로부터 빠르게 도망칠 수 있다는 뜻이니까.

메가네우라와 사람의 크기 비교

그 시기에는 네가 징그러워하는 바퀴벌레의 조상도 등장했고, 날개 폭이 70cm가 넘는 거대한 고대 잠자리류도 살고 있었지. 그 곤충의 이름은 메가네우라Meganeura인데, 지금까지 발견된 곤충 중에서 가장 큰 종류로 알려졌어.

곤충은 어떻게 주변 환경에 반응해서 발 빠르게 진화할 수 있었던 거예요?

곤충은 크게 두 가지 방식으로 자라나는데, 하나는 완전 변태Com-

plete Metamorphosis고, 다른 하나는 불완전 변태Incomplete Metamor-
phosis야.

완전 변태는 알Egg → 유충(애벌레)Larva → 번데기Pupa → 성충Adult
(Imago)의 순서로 성장하는 방식이야. 나비, 딱정벌레, 파리, 벌 같은 곤
충들이 이 과정을 거치지. 이 방식의 장점은 유충과 성충의 모습이 완
전히 달라서, 서로 다른 먹이를 먹으며 살아간다는 거야. 그 덕분에 먹
이 경쟁을 피할 수 있지.

완전 변태 vs 불완전 변태

반면에 불완전 변태는 알Egg → 약충Nymph → 성충Adult 순으로 진
행돼. 여기엔 메뚜기, 바퀴벌레, 사마귀 같은 곤충이 포함돼. 이들 유충

 재난 영화 속 기후환경 빼먹기

은 성충과 비슷한 모습을 하고 있지만, 날개가 없거나 작다는 특징이 있어.

곤충이 환경에 빨리 적응하는 또 다른 이유는 몸집이 작고, 생식 주기가 짧다는 점이야. 작은 몸은 자원을 적게 써도 되고, 좁은 공간에서도 생존할 수 있다는 장점이 있어. 게다가 세대교체 속도도 매우 빠른 편이야. 예를 들어 초파리는 단 10일 만에 한 세대가 끝나기도 하거든. 이 말은 곤충이 짧은 시간 안에 더 많은 변이와 진화를 경험할 수 있다는 뜻이지.

이처럼 곤충은 빠른 번식과 짧은 세대, 다양한 성장 방식으로 환경 변화에 발 빠르게 적응하며 지금처럼 성공적인 진화를 이룰 수 있었지.

영화에서 곤충이 사람처럼 생긴 건 너무 무서웠어요. 곤충이 정말 그런 흉내를 낼 수 있어요?

곤충들의 의태Mimicry는 자연에서 정말 놀라운 생존 전략 중 하나야. 의태란 곤충이 다른 생물이나 사물처럼 모습을 바꿔서 포식자로부터 자신을 보호하거나, 사냥을 더 쉽게 하려는 전략이지. 그런데 이건 단순히 주변 환경을 닮는 행위가 아니야. 아주 오랜 시간에 걸쳐 점점 더 정교하게 진화한 결과거든. 의태에는 몇 가지 종류가 있는데, 하나씩 살펴보자고.

첫 번째는 보호의태Protective Mimicry, 혹은 위장Crypsis이야. 말 그

대로 자신을 주변 환경과 비슷하게 만들어 적의 눈에 띄지 않게 숨는 전략이지. 예를 들어 나뭇잎 대벌레는 진짜 나뭇잎처럼 생겼는데, 몸에 잎맥처럼 보이는 무늬까지 있어서 가만히 있으면 누가 봐도 그냥 떨어진 나뭇잎 같아. 또 가지벌레는 마른 나뭇가지처럼 보이기 때문에 새들이 쉽게 알아채지 못해.

두 번째는 경고의태Warning Coloration와 베이츠 의태Batesian Mimicry야. 먼저 경계색Aposematism이라고도 하는 경고의태는 본인이 독이 있거나 맛이 없다는 걸 눈에 잘 띄는 색이나 무늬로 알리는 전략이야. 대표적으로 왕나비는 몸에 독성이 있어서 새들이 한 번 먹었다가 두 번 다시 건드리지 않지. 그런데 부왕나비는 독이 없는데도 왕나비를 흉내 내서 포식자를 속여. 이렇게 무해한 종이 독성을 가진 종을 모방

나뭇잎 대벌레

 재난 영화 속 기후환경 빼먹기

하는 걸 특히 베이츠 의태라고 불러.

세 번째는 뮐러리안 의태Müllerian Mimicry라 불리는 공동경고의태야. 이건 여러 독성 생물이 서로 비슷한 무늬를 갖도록 진화해서 '우린 다 위험하다!'라는 강한 메시지를 포식자에게 주는 거지. 예를 들어 꿀벌, 말벌, 호박벌 같은 독침이 있는 곤충들이 노란 줄무늬를 공유하는 게 대표적 사례야. 덕분에 포식자는 저 무늬만 봐도 위험하다고 인식해서, 이 무리를 피하게 돼. 서로에게 이득이 되는 셈이지.

오른쪽 난초와 구분이 잘 안되는 왼쪽 꽃사마귀 ©EBS

마지막은 공격의태Aggressive Mimicry야. 지금까지 의태가 자신을 보호하기 위한 거였다면, 이건 정반대야. 자신을 해가 없는 것처럼 위장해 먹잇감을 속여서 잡아먹는 전략이거든. 꽃사마귀(난초사마귀)는 꽃처럼 생겨서 곤충들이 진짜 꽃으로 착각하지만 다가오면 순식간에 공격해. 또 꽃게거미류 같은 일부 거미는 꽃에 숨어 있거나 꽃향기를 풍겨서 벌이나 나비를 유인한 뒤 사냥하기도 해.

반대로 우리 인간이 곤충이나 다른 생물을 흉내 내기도 한다면서요?

맞아. 우리가 만든 첨단 기술이나 발명품 중에는 자연을 본뜬 것들이 정말 많아. 이걸 전문 용어로는 생체모방기술Biomimicry이라고 해. 말 그대로 동물이나 곤충, 식물 같은 생명체들의 구조나 기능, 행동을 모방해 만든 기술이지. 하나씩 예를 들어볼까?

잠자리가 나는 모습 본 적 있지? 잠자리는 공중에서 빠르게 방향을 바꾸거나, 제자리에서 정지 비행을 할 수 있어. 네모난 헬리콥터와 달리, 네 장의 날개가 각각 따로 움직이기 때문에 훨씬 민첩하게 비행할 수 있거든. 과학자들은 바로 이 잠자리의 날갯짓 원리를 연구해, 작지만 안정적으로 날 수 있는 초소형 드론이나 곤충형 로봇을 개발하고 있어.

매미 역시 흥미로운 사례야. 몸집에 비해 날개 힘이 매우 강하고, 짧은 시간에 빠르게 진동을 일으켜 큰 소리를 내는 독특한 구조로 잘 알려져 있어. 특히 날개 표면에는 미세한 돌기들이 있어 물방울이 잘 달라붙지 않고, 세균도 쉽게 번식하지 못해. 과학자들은 이 표면 구조를 모방해 방수와 항균 기능을 갖춘 신소재를 개발하거나, 음향 기술에 응용하고 있지.

 재난 영화 속 기후환경 빼먹기

또 하나 재미있는 예는 '나미브사막거저리'라는 딱정벌레야. 이 곤충은 아프리카의 나미브 사막에 사는데, 밤에 생기는 안개를 이용해 수분을 섭취해. 등껍질에 있는 아주 작은 돌기 덕분에, 안개가 물방울로 응결되고, 그 물이 입 쪽으로 흐르게 되어 있거든. 과학자들은 이 원리를 이용해서 안개로 식수를 모으는 장치를 만들었는데, 이는 물이 부족한 지역에서 유용하게 쓰일 수 있는 기술이야. 말 그대로 딱정벌레의 생존 전략을 우리가 배운 셈이지.

게코 도마뱀은 매끈한 유리창도 거뜬히 기어오르는 걸로 유명하지. 그 비밀은 발바닥에 있는 수백만 개의 아주 미세한 털에 있어. 이 털들이 표면에 가까이 닿으면, 분자 간(털과 표면 사이)의 약한 인력(반데르발스 힘Van der Waals Force)이 작용해서 접착 효과가 생기는 거야. 이 원리를 흉내 내 만든 게 바로 '게코 테이프'지. 일반 테이프처럼 끈적이지도 않고, 자국도 남지 않으면서도 여러 번 붙였다가 떼도 접착력이 유지되

등에 물을 모을 줄 아는 나미브사막거저리 ©한국환경산업기술원

몰포Morpho 나비의 구조색

는 놀라운 제품이야.

나비 날개는 정말 화려하고 예쁘지? 그런데 그 색깔이 색소 때문이 아니라는 거, 알고 있었어? 나비의 빛나는 색은 사실 날개 표면의 미세한 구조에서 빛이 반사되고 굴절되면서 생기는 '구조색'이야. 색소가 아니라 구조 자체가 빛을 다르게 반사해 색을 만들어내는 거지. 물론 일부 나비는 색소와 구조색을 함께 가지고 있기도 해. 과학자들은 이 원리를 응용해서 친환경 잉크나 선명한 디스플레이 화면 등을 개발하고 있어. 나비 날개의 아름다운 색이 단지 예쁘기만 한 게 아니라, 첨단 기술의 모델이 된 거야.

만약 곤충이 사라지면 지구는 어떻게 돼요?

케냐에 창궐한 메뚜기 떼 ©연합뉴스

정말 중요한 질문이야. 곤충들은 꽃가루를 옮겨 식물의 번식을 도와주고, 죽은 생물이나 배설물을 분해해. 또한, 자연을 깨끗하게 만들 뿐만 아니라, 다른 동물들의 먹이가 되기도 하지. 그런데 요즘 기후변화나 농약 사용, 외래종 침입 같은 이유로 곤충의 수가 빠르게 줄고 있어.

특히 꿀벌의 감소는 정말 심각한 문제야. 꿀벌은 꽃가루를 옮겨주는 수분Pollination을 담당하는데, 유엔 식량농업기구FAO에 따르면 전 세계 식량의 90%를 차지하는 100대 농작물 중 70% 이상이 꿀벌 덕분에 자란다고 할 정도거든. 딸기, 수박, 사과, 커피 같은 과일이나 작물도 꿀벌이 없으면 자라기 힘들어. 결국 꿀벌이 줄어들면 식량 생산도 줄고, 가격은 오르게 될 가능성이 높아.

꼭 그렇지만은 않아. 어떤 곤충은 개체 수가 지나치게 많아져서 문제를 일으키기도 하거든.

대표적인 예가 바로 메뚜기떼야. 2020년, 동아프리카와 인도 등지에 수십억 마리의 메뚜기떼가 몰려와 농작물을 모조리 먹어 치운 사건이 있었어. 메뚜기는 하루에 자기 몸무게만큼 식물을 먹을 수 있어서, 수십억 마리가 모이면 하루에만 수천만 명이 먹을 식량이 사라지는 셈이거든.

결국 곤충과 인간의 관계는 무조건 많다고 좋은 것도, 없다고 괜찮은 것도 아닌 균형이 가장 중요한 문제야. 곤충이 너무 많거나 사라지면 생태계에 심각한 문제를 일으킬 수 있거든. ●

#Disaster_Movie

과학 빼먹기

작지만 똑똑한 군단, 곤충의 집단지능

곤충은 개별적으로 보면 단순한 행동만 하는 것처럼 보이지만, 무리가 모이면 놀라운 문제 해결 능력을 발휘합니다. 이런 협력의 원리를 과학에서는 집단지능Swarm Intelligence이라고 부릅니다.

집단지능이란, 개체들이 단순한 규칙에 따라 행동하면서도 서로의 상호작용을 통해 전체적으로는 매우 복잡하고 효율적인 결과를 만들어내는 지능 체계를 뜻합니다.

가장 대표적인 예는 개미입니다. 개미는 누가 지시하지 않아도 군집 전체가 마치 하나처럼 질서 있게 움직입니다. 그 비결은 바로 개미가 이동할 때 남기는 페로몬Pheromone이라는 화학물질에 있습니다. 다른 개미들은 이 페로몬의 냄새를 따라가며 먹이의 위치를 공유하고, 더 많은 개미가 같은 길을 지나갈수록 냄새가 강해져 가장 효율적인 경로, 즉 최단 거리가 자연스럽게 선택됩니다. 이 원리는 실제로 '개미 집단 최적화Ant Colony Optimization'라는 알고리즘으로 발전해, 다양한 문제 해결에 활용되고 있습니다.

5,293대의 드론 군집 비행 ⓒ국토부

또 다른 예는 꿀벌입니다. 꿀벌은 벌집 안에서 '8자 춤Waggle Dance'이라
는 독특한 언어를 이용해 좋은 꽃밭의 위치를 알립니다. 이 춤은 꽃의 방향
과 거리, 풍부함까지 표현할 수 있어 수많은 벌이 정확한 정보를 바탕으로
꿀을 효율적으로 채집할 수 있도록 합니다. 이러한 정보 공유와 협업은 곤충

무리 전체의 생존율을 높이는 데 결정적인 역할을 합니다.

곤충의 집단지능은 단순한 자연의 신비로만 볼 수 없습니다. 오늘날 과학자들은 이 원리를 바탕으로 드론 떼 제어, 무인 로봇 군집Swarm Robotics, 인터넷 검색 최적화, 자율주행 차량 흐름 제어, 실시간 배송 경로 최적화 등 다양한 기술을 개발하고 있습니다.

이렇게 작고 단순한 곤충들의 협업이 첨단 과학과 기술의 미래까지 이어지고 있다는 사실, 정말 놀랍지 않나요? 곤충들이 보여주는 이 놀라운 자연의 계산 능력은 우리가 자연에서 얼마나 많은 것을 배울 수 있는지를 잘 보여주는 사례입니다. ●

만약 지구의 곤충이 하루아침에 모두 사라진다면 우리 일상에는 어떤 변화들이 일어날까요?

#Disaster_Movie

외래종의
반격

영화 〈인베이젼〉

(2007)

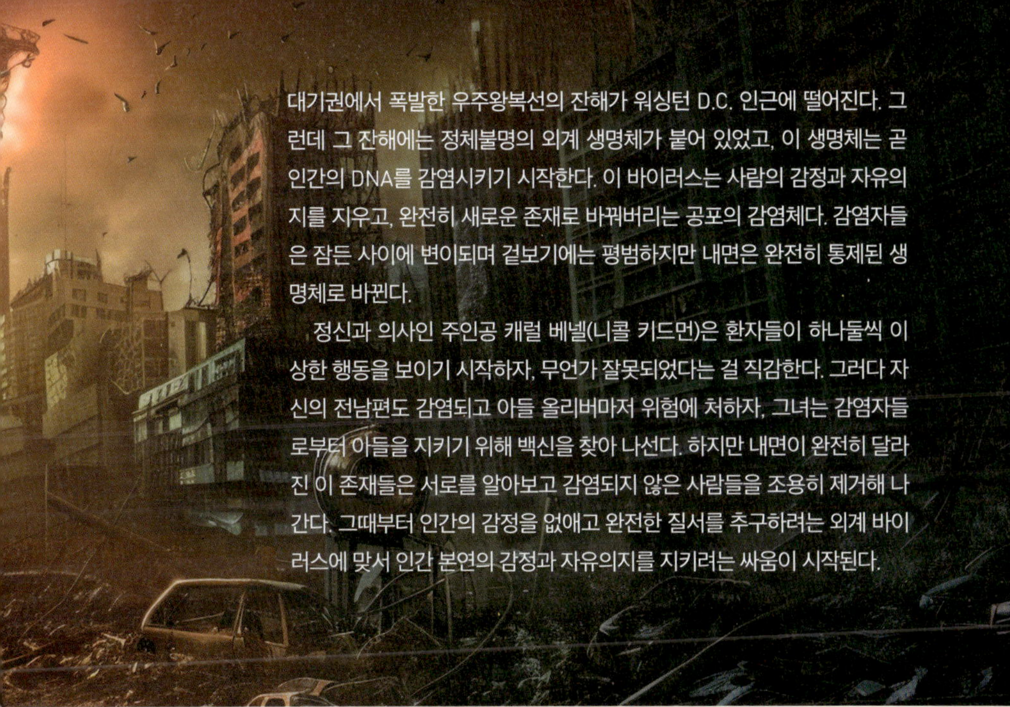

대기권에서 폭발한 우주왕복선의 잔해가 워싱턴 D.C. 인근에 떨어진다. 그런데 그 잔해에는 정체불명의 외계 생명체가 붙어 있었고, 이 생명체는 곧 인간의 DNA를 감염시키기 시작한다. 이 바이러스는 사람의 감정과 자유의지를 지우고, 완전히 새로운 존재로 바꿔버리는 공포의 감염체다. 감염자들은 잠든 사이에 변이되며 겉보기에는 평범하지만 내면은 완전히 통제된 생명체로 바뀐다.

정신과 의사인 주인공 캐럴 베넬(니콜 키드먼)은 환자들이 하나둘씩 이상한 행동을 보이기 시작하자, 무언가 잘못되었다는 걸 직감한다. 그러다 자신의 전남편도 감염되고 아들 올리버마저 위험에 처하자, 그녀는 감염자들로부터 아들을 지키기 위해 백신을 찾아 나선다. 하지만 내면이 완전히 달라진 이 존재들은 서로를 알아보고 감염되지 않은 사람들을 조용히 제거해 나간다. 그때부터 인간의 감정을 없애고 완전한 질서를 추구하려는 외계 바이러스에 맞서 인간 본연의 감정과 자유의지를 지키려는 싸움이 시작된다.

강연을 마치고 나오는데, 민규에게 전화가 왔습니다. 요즘 학교 과학 시간에 생태계 교란에 대해 배우고 있는데, 그와 관련된 영화 한 편을 추천해 달라고 했습니다. 저는 그런 민규에게 외계 괴생명체가 지구 생태계를 위협하는 SF 스릴러 〈인베이전〉을 권해 주었습니다.

삼촌, 이건 외계인 영화 아니에요? 외계인 영화가 생태계와 무슨 관련이 있는데요?

겉으론 외계인 이야기처럼 보이지만, 사실은 외래종 침입과 생태계 균형 붕괴를 다룬 영화거든.

영화 〈인베이젼〉의 한 장면

삼촌, 영화처럼 우주에서 외래종 같은 게 들어오면 어떻게 해요?

실제로 과학자들은 이런 위험성을 진지하게 생각하고 있어. 이걸 '역오염Back Contamination'이라고 부르는데, 말 그대로 우주에서 지구로 미생물이 되돌아오는 경우를 말해.

만약 그 미생물이 지구 생명체와 전혀 다른 구조를 가졌다면, 우리 몸이나 생태계는 면역 체계가 작동하지 않아 제대로 대응하지 못할 수도 있어. 우리가 알지 못하는 방식으로 급격히 증식하거나 독성을 퍼뜨리는 외계 미생물이 존재한다면, 정말 상상만 해도 무섭지 않겠니?

이런 경우를 대비해서 미항공우주국NASA과 유럽우주국ESA 등의 기

재난 영화 속 기후환경 빼먹기

관들은 엄격한 보호 조치를 마련해 두고 있어. 특히 NASA는 우주탐사 과정에서 외계 생명체가 지구에 유입되는 것을 방지하기 위해 다양한 연구와 정책을 시행하고 있어.

메릴랜드주에 있는 NASA의 고더드 우주비행센터Goddard Space Flight Center에는 '행성 보호 오피스Planetary Protection Office'라는 부서가 따로 있어. 이곳에서는 우주탐사선이 다른 행성에 도달할 때 지구 생명체가 외계 환경을 오염시키는 것을 막는 동시에, 탐사선이 지구로 돌아올 때 외계 생명체가 지구 생태계에 영향을 주지 않도록 다양한 연구와 규정을 마련하고 있지.

예를 들어 화성에서 채취한 표본을 지구로 가져올 경우, 그 샘플은 이중 밀폐된 캡슐에 담겨야 해. 그리고 지구에 도착한 뒤에는 완전히

화성 표본의 처리 및 운송 방안

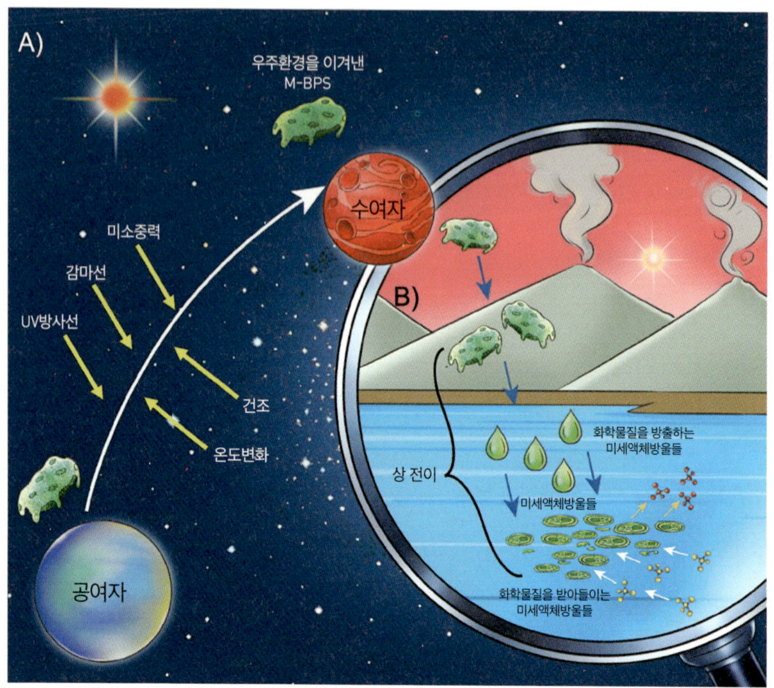

판스페르미아 가설 개념도

격리된 고등급 생물안전실(BSL-4 수준의 실험실)에서만 개봉할 수 있도록 설계되어 있어.

휴, 다행이네요. 그런데 혹시 우주에서 외계 물질이 떨어질 가능성은 없어요?

그럴 수도 있지. 실제로 화성에서 떨어져 나온 암석이 소행성과 충돌하거나 강한 충격을 받아 우주로 튕겨 나갔다가 지구 중력에 의해 지표면으로 떨어져 발견된 적이 있거든. 일부 운석 안에는 세균처럼 생긴 미세 구조물이 발견됐는데, 이걸 근거로 지구의 생물이 혹시 외계 미생물에서 온 것은 아닐까 하는 판스페르미아Panspermia 가설이 나왔지.

판스페르미아란 말은 그리스어로 '모든 곳에 씨앗이 있다'라는 뜻으로, 고대 그리스 철학자 아낙사고라스Anaxagoras의 사상에서 유래한 개념이야. 즉, 생명의 씨앗이 지구가 아닌 우주 어딘가에서 왔을 수도 있다는 생각이지.

또한, 우주비행사나 로봇 탐사기의 표면에 미생물이 남아 있다가 그게 화성 표면에 퍼지거나 거꾸로 지구로 들어올 수도 있겠지. 그래서 국제적으로 행성 보호 정책이라는 기준을 마련해서, 모든 탐사선은 엄격하게 멸균 처리를 하도록 하고 있어. 일종의 우주 생명 방역 시스템인 셈이지.

사실 외계 생명체가 지구에 올 가능성은 아주 희박하지만, 만약에 그런 일이 일어난다면 우리 생태계에 미치는 영향은 상상 이상일 거야. 그래서 과학자들은 사전에 이런 위험을 막기 위한 다양한 기술과 규정을 두고 있지. 우주를 향한 탐사는 설렘 그 자체이지만, 동시에 아주 신중해야 하는 이유이기도 해.

그런데 삼촌, 어제 뉴스 봤어요? 무슨 외래 곤충이 엄청나게 퍼져서 농작물 피해가 심각하대요.

오, 민규가 이제 뉴스도 챙겨 보는구나? 그게 바로 외래종 문제야.

외래종Alien Species이란, 원래 살던 지역이 아닌 다른 지역으로 옮겨
와 정착한 생물을 말하지. 대부분은 해가 없지만, 일부 외래종은 새로
운 환경에서 폭발적으로 번식하면서 기존 생태계를 무너트리기도 해.
그 이유는 외래종을 상대할 천적이 없기 때문이지. 이처럼 외래종에 의
해 생태계가 파괴되는 현상을 '생태계 교란Ecological Disruption'이라고
불러.

외래 식물이 토종 식물을 덮어버린 모습
©Alamy

등검은말벌의 꿀벌 습격 장면
©Maine.gov

예를 들어 미국에서는 갈색 송충이라는 외래 곤충이 산림을 갉아 먹
어 문제가 됐고, 우리나라에서는 등검은말벌이 유입돼 꿀벌을 공격하
면서 벌꿀 생산에 큰 피해를 주고 있지. 또, 외래 식물인 가시박이나 환
삼덩굴 같은 식물도 우리 토종 식물을 덮어버려 생물다양성을 줄이는
주범 중 하나야.

 재난 영화 속 기후환경 빼먹기

영화 〈인베이젼〉에서는 외계 미생물이 인간을 감염시켜, 감정 없는 존재로 변화시킨 뒤 사회 전체를 하나의 체계로 동화시켜 버리지. 이러한 설정은 마치 외래종이 생태계를 잠식해 가는 과정을 비유적으로 표현한 것 같아.

실제 자연에서도 비슷한 일이 발생해. 외래종이 새로운 환경에 들어오면, 그 지역에 원래 살던 생물들은 먹이, 서식지, 번식지 같은 삶의 터전을 잃고 결국 개체 수가 급격히 줄어들거나 멸종에 이르기도 하거든.

이러한 외래종은 보통 배나 비행기 같은 교통수단을 통해 우연히 인간과 함께 이동하거나, 아예 의도적으로 들여오는 일도 있어. 가령 붉은불개미는 부두의 컨테이너를 통해 퍼진 대표적인 사례이고, 황소개구리는 식용 목적으로 들여왔다가 자연에 방치되면서 급격히 확산된 경우야.

외래종이 문제가 되는 건 단순히 외국에서 온 생물이라서가 아니라, 기존 생태계의 균형을 무너뜨리기 때문이지. 새로운 포식자나 경쟁자가 생기면 토종 생물들은 제대로 대응할 시간조차 없이 생존경쟁에서 밀려날 수밖에 없거든.

황소개구리 이야기는 들어봤어요. 황소개구리 올챙이도 봤는데 웬만한 물고기 같던데요?

맞아, 정말 크지. 황소개구리는 원래 북아메리카가 고향이야. 1970~80년대에 우리나라에 식용 목적으로 처음 들여왔는데, 처음엔 양식장 안에서만 기를 계획이었어. 그런데 번식력이 너무 강해서, 일부가 탈출하거나 방치된 개체들이 야생으로 퍼져버린 거야. 그때부터 생태계가 교란되기 시작했지.

몸집이 큰 황소개구리는 자기보다 작은 생물을 가리지 않고 닥치는 대로 잡아먹어. 물고기 치어, 올챙이, 곤충은 물론이고, 다른 개구리까지 먹어 치우지. 그 영향으로 우리나라 토종 개구리들, 특히 참개구리나 청개구리 같은 작은 개구리들의 개체 수가 급격히 줄어든 거야.

황소개구리 올챙이와 토종 개구리 올챙이의 크기 ⓒMBN

게다가 황소개구리는 아주 독특한 울음소리를 통해 짝을 유혹하는데, 그 소리가 너무 커서 주변 생물들의 생식 활동에까지 영향을 미칠 정도야. 또한, 생존력도 매우 뛰어나서 웬만한 기생충에도 잘 죽지 않

 재난 영화 속 기후환경 빼먹기

고, 환경이 조금 나빠져도 끄떡없이 살아남는 강한 생물이야. 게다가 천적은 거의 없는 데다 먹이도 가리지 않고 번식력까지 강하니, 결국 황소개구리는 생태계에서 거의 무법자가 되었지. 그 결과, 먹이사슬이 무너지면서 원래 그 자리에 있던 생물들이 서서히 밀려나게 되었어.

이런 이유로 황소개구리는 생태계교란 생물로 지정되어 국가 차원에서 퇴치 작업이 이뤄지고 있어. 결론적으로 황소개구리는 인간의 욕심으로 들여왔다가 자연 생태계에 큰 피해를 준 대표적인 외래종이야. 공항에서 검역원이 들여온 동식물 유무를 꼼꼼히 확인하는 것도 바로 그런 이유 때문이지.

그럼, 외래종이 사람에게 직접적으로 해를 끼친 사례도 있었나요?

당연하지. 외래종은 생태계를 교란할 뿐 아니라, 사람에게 직접적인 피해를 주는 경우도 꽤 많아. 대표적인 예가 바로 붉은불개미Solenopsis invicta야. 이 개미는 원래 남미에서 유래했지만, 지금은 미국, 중국, 대만, 일본, 한국까지 퍼져 있어. 몸집은 작지만, 매우 공격적이고 독침을 가지고 있어서 사람이 물리면 심한 통증과 염증을 일으키지. 어떤 사람은 알레르기 반응으로 아나필락시스Anaphylaxis 쇼크*를 겪기도 해. 실제로 미국에서는 붉은불개미로 인해 매년 10만 명 이상이 병원 치료를 받고, 연간 수천억 원의 경제적 피해가 발생하고 있을 정도야.

---

* 면역계가 특정 물질(항원)에 과민하게 반응하면서 전신에 급격한 염증 반응이 일어나 혈압이 떨어지고, 호흡이 곤란해지는 상태

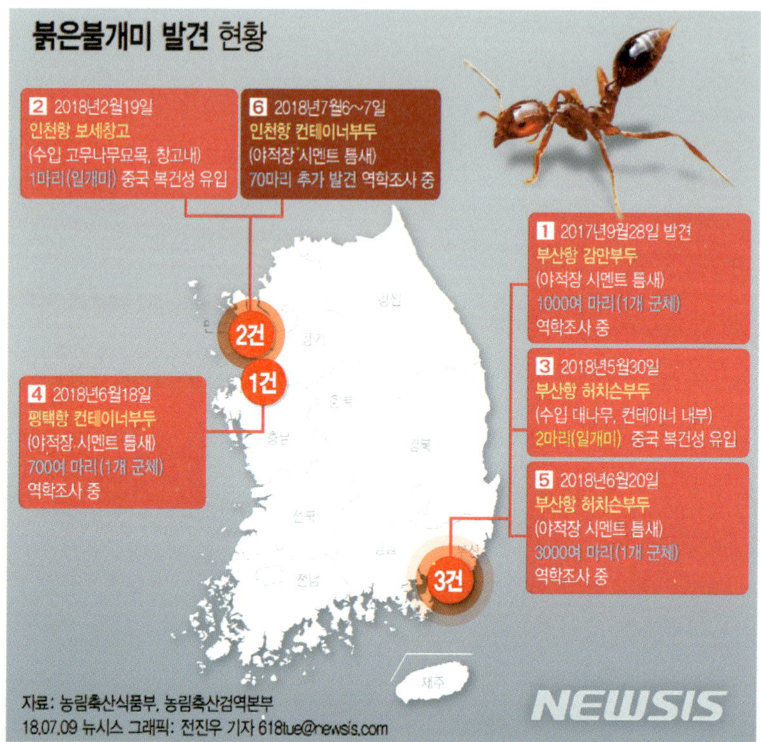

2017~2018 붉은불개미 발견 현황 ⓒ뉴시스

처음에 식용이나 애완용으로 들여왔던 아프리카 큰달팽이Achatina fulica 역시 문제를 일으킨 대표적인 외래종이야. 이 달팽이는 사람에게 뇌척수막염을 일으키는 기생충을 옮기기 때문에 아주 위험하지. 특히 손으로 만졌다가 제대로 씻지 않으면 감염 위험이 커질 수 있어.

한편, 물참대Gambusia affinis라는 물고기는 모기를 잡기 위해 들여온 외래종이야. 하지만 다른 어류의 알이나 치어까지 마구 먹어 치우는 바

 재난 영화 속 기후환경 빼먹기

람에 수질 생태계는 물론이고 어민에게도 큰 피해를 주었지. 이처럼 외래종이 생태계뿐 아니라 직접적으로 사람의 건강과 생계, 산업에까지 피해를 줄 수 있다는 사실, 꼭 기억해 줘!

그럼, 이런 상황을 막을 방법은 전혀 없는 거예요?

방법은 있어. 외래종 문제를 막기 위해서는 정부, 과학자, 시민 모두가 함께 대응해야 해. 여기엔 다섯 가지 단계별 대응이 있지.

첫 번째는 아예 들어오지 못하게 막는 것 즉, 외래종이 유입되는 걸 원천적으로 차단하는 거야. 외국에서 귀엽다고 데려온 동물이 도망치거나, 관상용 식물이 야생으로 퍼지는 경우 큰 문제가 될 수 있거든. 그래서 검역 탐지견이나 드론까지 동원해 초기 차단을 시도하고 있어.

두 번째는 조기 발견과 신속한 대응이야. 잘못 들여온 외래종은 확산

한국 외래생물 정보시스템
Information of Korean Alien Species

외래생물	생태계교란 생물	생태계위해우려 생물	유입주의 생물	외래생물 관리	자료·소식마당	외래생물 신고센터

신고센터 소개　외래생물 신고하기

외래생물 신고하기

🏠 〉외래생물 신고센터 〉외래생물 신고하기

번호	제목	작성자	등록일	상태
413	광교 홍제도서관 근처 하천변 외래종인듯한 거북이 신고 🔒	한진희	2025-06-09	접수
412	인천시 송도동 미추홀공원 내 붉은귀거북 발견 신고 🔒	김다은	2025-06-09	접수
411	전라남도 담양군 대전면 강외리 449 자전거 길위에서 붉은귀 거북발견 🔒	이현빈	2025-06-07	접수
410	의정부 곤제역 하천 플로리다 붉은배 거북 🔒	유경호	2025-06-07	접수
409	청라1동 힐데스하임과 심곡천 사이 화단 붉은귀거북 발견 🔒	푸른하늘	2025-06-06	접수
408	부산광역시 서구 동산로 계곡에서 리버루터 발견 🔒	김기태	2025-06-05	접수
407	[환경부 사이버안전센터] 취약점 점검중입니다. 🔒	환경부 사이버안전센터	2025-06-04	접수

한국 외래생물 정보시스템 사이트 내 외래생물 신고하기

되기 전에 최대한 빨리 발견하고 처리하는 게 중요하지. 외래종은 한번 퍼지기 시작하면 정말 걷잡을 수 없거든. 그래서 요즘은 시민들도 쉽게 참여할 수 있게 외래종 신고 사이트가 생겼어. 즉, '한국 외래생물 정보 시스템'을 통해 신고하면, 전문가들이 바로 보고 조처할 수 있어. 시민과 전문가가 협력해 빠르게 대응하는 것, 이게 지금으로선 가장 효과적인 방법이야.

세 번째는 외래종이 쉽게 정착할 수 없는 건강한 환경을 유지하는 거야. 생태계가 튼튼하면 외래종이 들어와도 자리를 잡기 힘들거든. 그래서 하천을 복원하고, 습지를 정비하며, 숲을 잘 관리하는 활동이 중요해. 이런 노력은 마치 우리 몸의 면역계처럼, 외래종의 침입을 막아주는 튼튼한 생태 방어선이 되는 거야.

네 번째는 외래종의 위험성을 널리 알리는 일이야. 많은 외래종 문제는 사람들의 무심한 행동에서 시작돼. 예뻐 보여서 데려왔다가 귀찮아져서 야생에 버리는 경우처럼 말이야. 그래서 학교, 언론, 시민단체 등을 통해 외래종에 대한 교육과 홍보를 지속하는 게 중요해. 예전에 봤던 황소개구리 방류 금지 포스터도 이런 노력의 일환이지.

마지막으로, 국가 간 협력도 필수적이야. 외래종은 국경을 가리지 않고 바다나 하늘을 통해 이동하니까, 한 나라만 잘한다고 막을 수는 없거든. 그래서 국제적으로도 정보를 공유하고, 함께 대응하려는 노력이 이어지고 있어. 특히, 생물다양성협약CBD 같은 국제협약은 외래종 관리 기준과 법적 틀을 제시하고, 각국은 이를 바탕으로 생태계교란 생물

 재난 영화 속 기후환경 빼먹기

이나 유해 생물을 지정해 감시와 방제를 강화하고 있어. 우리나라 환경부도 예산을 들여 외래종 리스트를 관리하고, 유입을 막으려는 조치를 꾸준히 시행하고 있지.

영화 〈인베이젼〉은 외계 생명체의 침입을 다룬 단순한 SF가 아니야. 그보다는 우리가 외래종 문제를 방치했을 때 사회 전체가 감염되듯 동화되는 위험성을 은유적으로 보여주는 작품이라고 할 수 있지. 겉보기엔 조용하고 평화로워 보이지만, 감정과 개성을 잃어버린 사회는 마치 다양성이 사라져 버린 생태계처럼 오히려 섬뜩하고 불안한 풍경이 아닐까? ●

AI와 위성을 이용한 외래종 확산 추적

과거에는 외래종이 퍼진 뒤에야 피해를 확인하고 대응할 수밖에 없었습니다. 그러나 오늘날에는 인공지능과 위성 기술의 발달로, 외래종의 이동 경로와 확산 속도를 예측하거나 실시간으로 감시할 수 있게 되었습니다.

대표적인 사례로 NASA와 ESA가 주관하는 공동 생태 감시 프로젝트가 있습니다. 이들은 'Sentinel', 'Landsat'과 같은 위성을 활용해 지표면의 변화, 식물 분포 지도Green Vegetation Map, 물의 이동, 숲이 훼손되는 양상 등을 지속적으로 모니터링하고 있습니다.

또한, 워터히아신스Water Hyacinth처럼 외래에서 들어온 수생식물은 위성사진을 통해 쉽게 찾아낼 수 있습니다. 이 식물들은 다른 식물과 빛을 반사하는 방식이 달라서, 위성 이미지에서 식물 반사율을 비교하면 구별해 낼 수 있습니다. 실제로 이런 기술을 활용해 아프리카의 빅토리아호 주변에 워터히아신스가 얼마나 퍼졌는지 지도 위에 표시한 사례도 있습니다.

이처럼 AI는 이러한 위성 데이터에 생물학적 정보와 기후 데이터를 결합하여, 특정 외래종이 어떤 기후 조건에서 어떤 지역에 침입할 가능성이 높은 지를 계산합니다.

이 과정을 '서식지 적합성 모델링SDM: Species Distribution Modeling' 또는 '기후 틈새 모델링Climate Niche Modeling'이라 하며, 대표적으로 MaxEnt, BIOMOD, CLIMEX 등의 모델이 활용됩니다.

호주의 연방과학산업연구기구CSIRO는 이러한 모델을 이용해 인도에서 유입된 외래 잡초 돼지풀아제비Parthenium hysterophorus의 확산 가능 지역을 예측했고, 실제로 예측된 지역 대부분에서 침입이 확인되어 사전 방제에 성공한 바 있습니다.

또한 최근에는 AI 딥러닝을 활용한 딥시그널 분석Deep Signal Analysis 기술이 개발되어, 외래 곤충의 이동 경로나 농작물 피해 확산을 조기에 감지하는 데 활용되고 있습니다. 미국 농무부USDA는 드론으로 촬영한 농장 사진과 위성 자료를 AI에 학습시켜, 눈으로는 보이지 않는 식물의 스트레스 신호를 분석하고 외래 해충의 초기 피해를 찾아내고 있습니다.

이러한 기술은 해양 생태계에도 적용되고 있습니다. 위성으로 관측한 해수의 온도나 염분, 해류 패턴 등의 데이터를 바탕으로, AI가 녹조류, 해파리, 불가사리 같은 해양 침입종의 확산 가능성을 분석합니다. 이를 통해 항만 도시 주변에서 언제, 어떤 침입종이 확산되는지 예측할 수 있습니다.

한편, 우리나라 농촌진흥청은 AI를 활용한 해충 무인 예찰 트랩을 개발해, 해충의 발생과 확산을 조기에 탐지하고 농작물 피해를 줄이는 데 기여하고

농촌진흥청에서 개발한 '해충 무인예찰 AI트랩'

 재난 영화 속 기후환경 빼먹기

있습니다.

이처럼 AI를 활용한 첨단 기술은 이제 외래종의 침입뿐 아니라, 사전 분석과 예측이 가능한 시대를 열어주고 있습니다. 외래종은 단순한 생물 문제가 아니라, 생태계, 식량 안보, 보건, 경제까지 연결된 종합적 이슈이기에 이런 선제적 감시 기술이 더욱 중요합니다.

지금, 이 순간에도 전 세계의 AI가 외래종 확산 지도를 그리고 있습니다. 앞으로 생태계를 지키는 가장 강력한 무기는 망원경도 곤충채집망도 아닌, AI와 위성이 될지도 모릅니다. ●

갈라파고스 제도처럼 육지와 떨어진 고립된 환경은 외래종에 더 취약합니다. 그 이유가 무엇인지 생각해 보세요.

3

영화 〈애프터 어스〉
영화 〈레드 플래닛〉
영화 〈옥자〉
영화 〈딥 임팩트〉
영화 〈지오스톰〉

인류 대응관

#Disaster_Movie

지구를 잃은
인류

영화 〈애프터 어스〉

(2013)

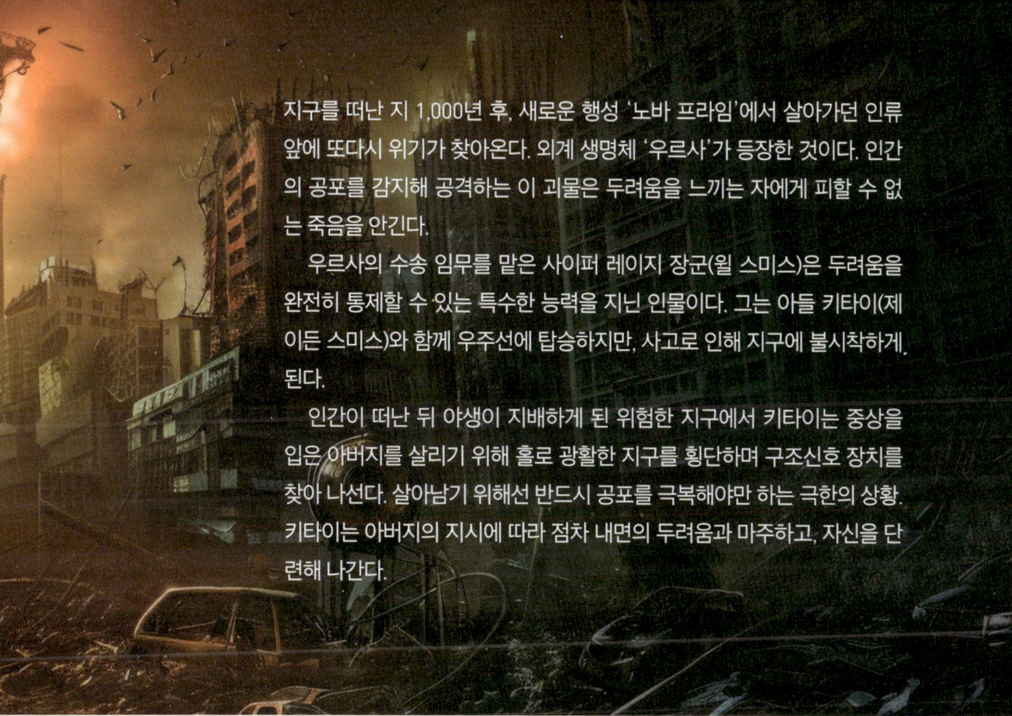

지구를 떠난 지 1,000년 후, 새로운 행성 '노바 프라임'에서 살아가던 인류 앞에 또다시 위기가 찾아온다. 외계 생명체 '우르사'가 등장한 것이다. 인간의 공포를 감지해 공격하는 이 괴물은 두려움을 느끼는 자에게 피할 수 없는 죽음을 안긴다.

우르사의 수송 임무를 맡은 사이퍼 레이지 장군(윌 스미스)은 두려움을 완전히 통제할 수 있는 특수한 능력을 지닌 인물이다. 그는 아들 키타이(제이든 스미스)와 함께 우주선에 탑승하지만, 사고로 인해 지구에 불시착하게 된다.

인간이 떠난 뒤 야생이 지배하게 된 위험한 지구에서 키타이는 중상을 입은 아버지를 살리기 위해 홀로 광활한 지구를 횡단하며 구조신호 장치를 찾아 나선다. 살아남기 위해선 반드시 공포를 극복해야만 하는 극한의 상황. 키타이는 아버지의 지시에 따라 점차 내면의 두려움과 마주하고, 자신을 단련해 나간다.

삼촌, 인간이 전부 사라지면 지구는 어떻게 될까요?

마침, 오늘 볼 영화가 〈애프터 어스〉였는데 잘됐다. 인간이 지구를 떠난 지 1,000년 후의 이야기거든.

그래서 지구는 어떻게 변하는데요?

인류가 사라지면 도시엔 숲과 덩굴식물이 자라고, 야생동물이 거리를 자유롭게 누비게 되겠지. 하지만 완전히 자연 상태로 돌아가려면 수백 년에서 수천 년이 걸릴 수도 있어. 그래도 과학자들이 관찰한 바에

따르면, 사람의 간섭이 사라진 땅은 생각보다 빨리 숲으로 변해간다는
건 확실해.

영화 〈애프터 어스〉의 한 장면

그럼, 사람이 없어지면 오히려 지구가 건강해진다는 거네요?

오늘은 그 이야기를 한번 해볼까? 인간이 사라진 지구는 어떤 모습
일지, 그리고 그걸 통해 우리가 자연과 어떻게 살아가야 하는지를 말
이야.

우선 체르노빌 원전 사고를 살펴보자고. 1986년, 우크라이나 체르노
빌 원자력 발전소에서 사상 최악의 핵사고가 발생했어. 방사능이 대량
으로 유출되면서 그 일대는 사람이 살 수 없는 죽음의 땅이 되었지. 결
국 우크라이나 정부는 반경 30km 안의 주민들을 모두 이주시킨 후 출

 재난 영화 속 기후환경 빼먹기

입을 금지했어.

　그 뒤로 이 지역 생태계엔 재앙과 같은 변화들이 나타났어. 눈이 비대칭이거나 비늘이 뒤틀린 물고기, 다리가 너무 많거나 아예 없는 개구리처럼 기형 생물이 발견되었어. 식물에서는 꽃잎 수가 비정상적인 꽃이나, 가지가 뒤틀린 소나무 같은 이상 징후가 감지되었지.

　그런데 예상치 못한 놀라운 일이 일어났어. 사람의 발길이 끊기자, 사슴, 늑대, 멧돼지, 심지어 유럽들소처럼 멸종 위기 동물들까지 이곳에 다시 나타난 거야. 방사능이 여전히 남아 있었는데도 말이지. 이로써 인간의 간섭이 사라지면 생태계는 스스로 회복하기 시작한다는 걸 알 수 있지.

체르노빌 원전 사고 이후 다시 돌아온 늑대들 ©EBS

　심지어 최근엔 세대가 바뀌면서 일부 동물들이 방사능에 어느 정도

내성을 보인다는 연구 결과까지 보고되고 있어. 물론 방사능은 많은 생물에게 돌연변이나 생존율 저하처럼 심각한 문제를 일으키는 위험한 물질이지. 하지만 자연에는 인간이라는 존재가 때로는 방사능보다 더 큰 위협일 수 있다는 사실, 참 아이러니하지 않니?

체르노빌뿐만 아니라, 한국의 군사분계선인 DMZDemilitarized Zone, 미국 디트로이트의 버려진 도시 구역, 일본 후쿠시마 인근 등에서도 유사한 사례가 발견되었어. 사람이 물러난 그 순간부터 숲이 다시 자라나고, 동물들이 다시 돌아오면서 자연이 예전의 생태계로 복원되는 모습을 보여주고 있거든.

우리나라 DMZ에서도 생태계 회복이 일어난다고요? 어떻게요?

DMZ는 한국전쟁 이후 남북한 사이에 생긴 군사적 완충 지대인데,

DMZ 일원에서 포착된 멸종위기종 담비 ⓒ국립생태원

 재난 영화 속 기후환경 빼먹기

70년 넘게 인간의 발길이 닿지 않아 의도치 않게 자연보호구역이 된 곳이지.

그 결과, 길이 248km, 너비 4km에 달하는 이 지역은 약 5,900종이 넘는 야생 동식물의 천국이 되었어. 멸종 위기 동물인 산양이나 삵, 수달, 담비는 물론이고, 심지어 반달가슴곰이나 호랑이의 흔적이 발견되기도 했지. 한 조사에 따르면 국내 전체 포유류의 약 40%, 조류의 절반 가까이가 이 지역에 분포한다고 하더라고.

겨울이면 두루미와 같은 철새들이 이곳을 중요한 월동지로 삼아 머물곤 해. 게다가 미선나무나 개감수 같은 희귀 식물도 자생하고 있지.

DMZ는 단순히 버려진 땅이 아니라, 백두대간에서 금강산, 설악산, 한탄강, 임진강, 한강하구로 이어지는 중요한 생태 축의 일부야. 동물들이 이동하고 살아가는 데 꼭 필요한 길인 셈이지.

여기에 초소나 참호 같은 전쟁의 흔적과 함께 도라산역 같은 평화의 상징이 남아 있어서 자연과 역사가 함께 숨 쉬는 특별한 공간이라 할 수 있어.

혹시 'DMZ 생태문화지도'라고 들어본 적 있니? 이건 단순한 지도가 아니야. 어디에 어떤 동물이 사는지, 철새가 어디로 이동하는지, 하천은 어디로 흐르고 있는지, 심지어 어떤 문화유산이 있는지까지 한눈에 볼 수 있는 지도거든.

이 지도는 산림청 산하 국립수목원이 시민단체 녹색연합과 함께, 한반도의 비무장지대를 따라 위치한 8개 시·군과 서해 5도를 포함한 접

DMZ의 생태문화지도

경 도서 지역을 3년에 걸친 조사 끝에 만든 결과물이야. 총 4편으로 구성된 DMZ 생태문화지도 시리즈는 학자들의 연구뿐 아니라, 학생들의 환경 교육 자료로도 아주 유용하게 쓰이지. 이는 자연과 생명을 기록한 하나의 생명 지도인 동시에, 우리가 앞으로 어떻게 이 땅을 지키고 활용할지에 대한 미래의 설계도이기도 해.

최근에는 위성 영상, 드론 촬영, AI 기반 생물 인식 기술을 활용해 DMZ의 생태계를 더욱 정밀하게 분석하고 있어. 한국환경정책평가연구원KEI이나 국립생태원NIE에서는 DMZ의 식생 분포, 생물 이동 경로, 탄소 흡수량 등을 수치로 분석해 생태계 보전 가능성을 과학적으로 입증하고 있지.

 재난 영화 속 기후환경 빼먹기

예를 들어 위성 영상을 활용한 식생 조사를 통해 DMZ 일대가 탄소 저장 능력이 매우 높은 탄소 흡수원Carbon Sink이란 사실을 밝혀냈거든. 이는 DMZ가 기후 위기 대응에도 중요한 역할을 한다는 뜻이지. 결국 DMZ는 전쟁의 상처로 만들어진 공간이지만, 역설적으로 자연에는 평화로운 안식처가 된 거야.

삼촌, 그런데 사람이 떠난다고 자연이 저절로 회복되는 건 아니잖아요?

맞아. 자연이 혼자 힘으로 회복하는 데는 시간이 오래 걸리지. 그래서 요즘 과학자들은 자연을 좀 더 빠르게, 좀 더 건강하게 되살리기 위한 다양한 시도를 진행하고 있어.

그중 하나가 바로 재야생화Rewilding라는 방법이야. 말 그대로 야생을 다시 자연에 돌려주는 거지. 사람이 망가뜨린 자연에 동물이나 식물 같은 생명체를 되돌려놓고, 나머지는 자연 스스로 회복하도록 두는 방식이야.

예를 하나 들어볼까? 미국 옐로스톤 국립공원에서는 1995년에 늑대 14마리를 다시 들여보냈어. 그랬더니 사슴 개체 수가 줄면서 버드나무와 사시나무가 2~4배 이상 자라났고, 그 나무들을 따라 비버가 다시 등장했지. 비버가 나뭇가지로 만든 댐 덕분에 습지가 복원되고, 물고기와 곤충이 다시 살 수 있는 환경이 만들어졌어. 그 영향으로 조류 종 수가 약 50% 증가했다는 조사 결과가 나타났어.

이런 걸 '먹이사슬 연쇄효과Trophic Cascade'라고 해. 상위 포식자가

항목	재야생화 이전 (1995년 이전)	재야생화 이후 (2005년경)
사슴 개체 수	약 20,000마리 이상	8,000~10,000마리
나무 성장률	버드나무 감소 지속	2~4배 증가
비버 댐 수	1개 이하	9개 이상
조류 종 다양성	감소 추세	약 50% 증가
하천 침식 속도	증가 중	안정화

출처: Ripple & Beschta (2012), Biological Conservation

생태계에 돌아오면, 먹이사슬 아래 단계까지 영향을 줘서 생태계의 전체 구조가 안정되는 현상을 뜻하지.

실제로 늑대가 돌아온 뒤 하천의 침식 속도까지 줄어들었다고 하더라고. 그만큼 식생이 복구되고, 강 주변의 토양도 단단해졌다는 얘기지.

또 다른 사례도 있어. 영국의 네프 농장Knepp Estate에서는 농사를 중단하고, 말, 돼지, 사슴 같은 대형 초식동물을 풀어놓았어. 그리고 20년 동안 자연 그대로 두었지. 그 결과, 13종의 희귀 조류, 15종 이상의 멸종 위기 식물이 다시 나타났고, 탄소 저장량도 많이 증가했다는 연구 결과가 보고됐어.

이러한 재야생화는 단지 생태계 회복만이 아니라, 기후변화 대응에도 효과가 있다는 사실이 밝혀졌어. 과학 저널 『네이처 기후변화』에 실린 최근 논문에 따르면, 대형 동물들이 돌아오면 초지나 숲의 구조가 달라지고, 그 과정에서 이산화탄소 흡수량이 증가한다고 해. 특히 북유럽과 북아메리카 지역에서는 재야생화만으로도 연간 2~4억 톤의 이산화탄소를 흡수할 수 있다는 시뮬레이션 결과도 있었어.

이제는 단순히 자연을 보호하자는 걸 넘어서, 과학적인 모델에 따라 생태계를 설계하고 회복시키는 시대가 된 거야. 그중에서도 재야생화는 지금 전 세계가 주목하는 최신 생태 복원 전략 중 하나라고 볼 수 있지.

삼촌, 영화에서 보면 사람이 떠난 지구에 숲이 다시 만들어지잖아요. 그런데 아무것도 없는 황폐한 땅에도 정말 식물이 자랄 수 있어요?

화산처럼 큰 재해로 모든 게 사라진 땅에서도 시간이 흐르면 다시 생명이 자라기 시작해. 그런데 그 시작점은 우리가 평소에 잘 주목하지 않는 아주 작은 생물들이야. 바로 지의류와 이끼 같은 것들 말이지. 이런 생물들을 선구종Pioneer Species이라 부르는데, 말 그대로 생태계가 완전히 무너진 후 가장 먼저 도착하는 생물들이라는 뜻이야.

한 가지 사례로 1980년, 미국 세인트 헬렌스 화산에서 큰 폭발이 일어났어. 그 주변은 순식간에 초토화됐고, 숲도 사라지고, 흙도 날아가 버려서 마치 다른 행성처럼 변해버렸지. 그런데 그곳에 가장 먼저 돌아온 생물들이 바로 지의류와 이끼였어.

이 친구들은 뿌리도 없고 흙도 필요 없어. 그냥 바위나 나무껍질 같은 데 달라붙어서 자라는데, 광합성을 하면서 조금씩 유기물을 만들어 내. 그리고 그 위에 바람과 비로 날아온 먼지와 씨앗이 쌓이면서 서서히 토양이 형성되기 시작하지. 그렇게 시간이 지나면 점점 더 다양한 식물들이 자라날 수 있는 환경이 만들어지는 거야.

이 과정에서 이끼는 매우 중요한 역할을 해. 수분을 흡수하고 저장하는 능력이 뛰어나서, 건조한 지역에서도 땅의 습도를 유지해 주거든. 이끼는 뿌리가 거의 없어서 수분을 몸 전체로 흡수하는데, 세포 내 액포Vacuole라는 물주머니에 수분을 저장하지. 그 덕분에 곤충이나 미생물, 작은 동물들이 살아갈 수 있는 미세 서식지가 만들어지고, 생물다양성도 조금씩 생기는 거야.

수분을 저장하고 있는 이끼

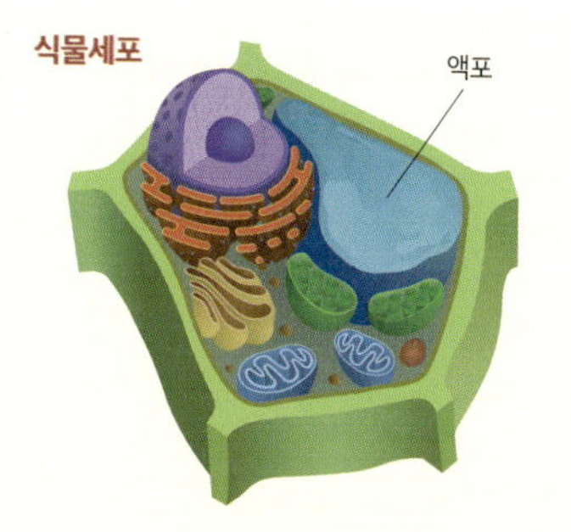

식물세포의 액포

또한, 지의류는 특정 지역의 공기 오염 정도를 나타내는 '지표종Indicator Species'이기도 해. 공기가 맑은 곳일수록 잘 자라기 때문에 지의

 재난 영화 속 기후환경 빼먹기

류가 많다는 건 그만큼 공기가 깨끗하다는 뜻이지. 반대로 대기오염이 심한 도심에는 거의 자라지 못하거든.

사실 우리가 그냥 지나쳤던 바위나 오래된 벽돌 틈, 콘크리트 경계선 같은 곳에서도, 이끼나 지의류가 조용히 자리 잡는 경우가 많아. 그리고 그 조용한 자리에서부터 자연은 회복을 시작하게 되지.

영화처럼 거대한 숲이 하루아침에 생기진 않겠지만, 그 모든 건 이러한 작은 생물들의 정착으로부터 시작돼. 이는 눈에 잘 띄지는 않지만, 자연이 다시 숨쉬기 시작하는 첫 번째 신호라고 할 수 있어.

자연이 회복하는 과정을 우리가 직접 확인할 수도 있어요?

요즘 도시 안에서 자연이 되살아나는 현상을 관찰하고 기록하는 연구가 세계적으로 활발히 진행되고 있어. 그걸 '도시 속 야생동물 지도 Urban Wildlife Mapping'라고 부르지. 말 그대로, 도시 안에서 야생동물들이 언제, 어디서, 어떻게 나타나는지를 추적해서 하나의 지도로 만드는 거야.

예를 들어 코로나19로 사람들이 외출을 삼가던 시기엔, 도심 주변에 동물들이 하나둘 모습을 드러냈지. 서울에선 고라니나 삵 같은 야생동물이 출몰했고, 런던에선 템스강에 물개가 돌아왔어. 샌프란시스코 도심에는 코요테까지 출현했을 정도니까.

과학자들은 이걸 단순한 관찰로 끝내지 않고, 위성 이미지, CCTV, GPS 추적기, 드론 촬영, 시민 제보 앱, 그리고 AI 기반 영상 분석 기술까

야생동물 로드킬 방지 시스템 ©포스코DX

지 총동원해서 데이터를 모으고 있어. 이렇게 모은 정보들을 바탕으로 지도를 만들면, 마치 도시 속 야생동물 내비게이션처럼 쓸 수 있거든.

이 지도는 사람과 동물 사이의 충돌을 줄이는 데도 유용하게 쓰여. 가령 특정 지역에 고라니가 자주 나타난다는 사실을 알면 그 주변 도로에 야생동물 경고 표지판을 세울 수 있고, 녹지 연결 구간을 설계하는 데도 도움을 주거든. 동시에 도시 생태계가 얼마나 회복되고 있는지를 수치와 그림으로 확인할 수 있어서 환경 정책에도 참고 자료가 되고 있어.

결국 도시는 단순히 콘크리트로 가득한 회색 공간이 아니라는 거야.

재난 영화 속 기후환경 빼먹기

인간이 조금만 배려하면 자연은 언제든지 스스로 되살아날 준비가 되

어 있거든. ●

인류가 사라진 후, 자연 회복 시간표

사람이 지구에서 사라진다면, 지구는 어떤 순서로 회복할까요? 과학자들은 이 상상을 아주 구체적으로 연구하고 있습니다. 생태학자 앨런 와이즈먼 Alan Weisman은 자신의 저서 『인간 없는 세상The World Without Us』을 통해 인간이 갑자기 사라졌을 때 지구에 어떤 일이 벌어질지를 다음과 같은 시나리오로 제시했습니다.

- **1일 후**   도시의 일부 전기 공급이 끊기고, 지하철의 배수펌프가 멈추면 지하가 물에 잠기기 시작합니다.
- **1주 후**   도로와 철길 틈새에 풀이 자라나고, 사람의 간섭이 사라진 도심으로 사슴, 여우, 늑대, 곰 같은 야생동물이 돌아옵니다.
- **1년 후**   아스팔트가 갈라지고 식물 뿌리가 도로와 콘크리트를 들어 올립니다. 건물 철골은 녹슬며 점점 구조가 약해집니다. 일부 도시 지역은 숲의 초기 단계처럼 변화합니다.
- **10년 후**   보수가 멈춘 많은 건물이 구조적으로 불안정해져 붕괴가 시

작됩니다. 공장은 정지하고 대기와 하천이 점차 깨끗해집니다.

- 100년 후　다수의 인공 구조물이 붕괴되고, 일부 멸종위기종을 포함한 일부 야생동물 개체군은 회복세를 보입니다. 도시는 숲과 덩굴식물이 뒤덮은 상태가 됩니다.
- 500~1,000년 후　대부분 지역은 '인간 이전'과 유사한 자연 생태계 구조를 되찾지만, 플라스틱, 방사성 물질, 기후변화의 일부 흔적은 수백 년에서 수천 년간 남아 있습니다.

이 시나리오는 단지 상상 속 이야기만은 아닙니다. 체르노빌, DMZ, 폐허가 된 도시 등에서 이미 인류는 인간의 부재가 자연에 어떤 변화를 불러오는지를 확인했습니다.

중요한 것은 자연은 절대로 멈추지 않는다는 사실입니다. 우리가 멈출 때 비로소 지구는 스스로 자정 능력을 발휘하며 숨을 돌릴 수 있습니다. 지구는 강한 복원력을 가진 살아 있는 행성이지만, 그 복원은 종의 멸종과 생태계

앨런 와이즈먼이 제시한 인간이 사라진 후 자연 회복 시간표

 재난 영화 속 기후환경 빼먹기

서비스 상실 같은 큰 대가를 치른 뒤에야 가능하다는 점을 반드시 기억해야

합니다. ●

만약 환경 파괴로 지구를 떠난 인류가 오랜 우주여행 끝에 다시 지구에 돌아온다면, 이때 가장 먼저 확인해야 할 것은 무엇이라고 생각하나요?

화성 이주 프로젝트

영화 〈레드 플래닛〉
(2000)

2050년, 지구는 극심한 환경 파괴와 인구 과잉으로 더 이상 인간이 살 수 없는 곳이 되었다. 인류는 새로운 희망을 찾아 화성을 제2의 지구로 만들기 위한 테라포밍 프로젝트를 추진한다. 그 핵심은 지구에서 조류藻類, Algae가 해왔듯 화성 대기에 산소를 공급하는 일이었다.

그러나 갑작스러운 산소 농도 변화로 모든 데이터가 소실되고, 원인을 알아내기 위해 탐사대가 화성으로 파견된다. 주인공 보우먼 선장을 포함한 여섯 명의 승무원은 예기치 못한 태양 폭풍과 착륙 실패로 화성 표면에 불시착하고, 팀은 각지로 흩어진다.

더 큰 문제는 생존을 위해 설계된 로봇 'AMEE'가 프로그램 오류를 일으켜 인간을 위협하기 시작한 것이다. 게다가 생명체가 존재하지 않을 것이라 여겨왔던 화성에, 조류가 예측 불가능한 방향으로 진화하고 있었음이 드러난다. 탐사대는 인류가 오만하게 시작한 테라포밍 실험이, 결국 자연의 반격이라는 형태로 되돌아오고 있음을 깨닫는다. 이제 그들에게 남은 마지막 임무는 단 하나. 화성에서 얻은 교훈을 지구로 가져가는 것이다.

학교에서 돌아온 민규가 화성에 사람이 정말 살 수 있는지 궁금하다며 전화를 걸어왔습니다. 우리는 함께 영화를 보며 이야기하기로 했습니다.

삼촌, 정말 사람이 화성에서 살 수 있어요?

결론부터 말하면, 지금 당장은 아니야. 지금의 화성은 인간이 맨몸으로 살 수 없는 환경이거든. 오늘 볼 영화가 인류의 화성 이주를 다룬 〈레드 플래닛〉인데, 화성을 제2의 지구로 만들려는 인류의 시도를 그리고 있지. 네가 한 질문에 대한 답도 그 안에 들어 있을 거야.

영화 〈레드 플래닛〉의 한 장면

일론 머스크도 인간을 화성에 보내겠다고 호언장담하던데, 어떻게 한다는 거예요?

일론 머스크는 인류가 지구에만 의존해서는 안 된다고 생각했어. 그래서 자신이 만든 우주 기업 스페이스X를 통해 사람들을 화성에 이주시킬 계획을 세우고 있지. 언젠가 지구에 큰 재난이 닥칠 수 있으니, 화성을 일종의 백업 행성으로 만들겠다는 거지.

그가 운영하는 우주 기업 스페이스X가 개발 중인 스타쉽Starship 우주선은 100명 이상이 탑승할 수 있도록 설계되어 있고, 현재는 완전 재사용을 목표로 시험 중이야. 이를 통해 많은 사람과 물자를 여러 차례에 걸쳐 화성으로 운반하려는 계획이지.

구체적으로는 화물선을 먼저 보내 기반 물자를 확보하고, 이후 선발대를 파견해 기초 생존 시설이나 '우주 돔' 같은 임시 거주 구조물을 설치한 뒤, 정착지를 점차 확장해 나가겠다는 거야. 궁극적으로는 약 100

  재난 영화 속 기후환경 빼먹기

만 명이 자급자족하며 살아갈 수 있는 화성 도시를 건설하는 게 그의 장기적인 목표야.

물론 이 계획을 현실화시키기 위해선 해결해야 할 문제가 한두 개가 아니야. 우선 화성은 지구보다 대기가 매우 희박하고 기온이 낮은 데다, 지표면에 액체 상태의 물도 거의 없어. 게다가 강한 우주 방사선에 노출되어 있지. 그 때문에 산소를 생성하는 장치, 얼음을 녹여 물을 얻는 기술, 그리고 방사선을 차단할 수 있는 지하 거주지나 특수 소재 건축물 등에 관한 연구가 활발히 이뤄지고 있어.

일론 머스크는 빠르면 2030년경 유인 화성 탐사, 그리고 2050년경 실제 거주 가능한 도시 건설을 목표로 하고 있어. 하지만 그 계획이 정말로 실현될 수 있을지는 아직 아무도 장담할 수 없어. 막대한 비용과 기술적 장벽뿐 아니라, 지구의 환경과 사회 문제조차 해결되지 않은 상황에서 굳이 다른 행성으로 이주해야 하느냐는 근본적인 질문도 계속 제기되고 있기 때문이지.

삼촌, 그런데 영화에서 테라포밍, 테라포밍하는데, 그게 정확히 뭐예요?

테라포밍Terraforming이라는 용어는 1942년 잭 윌리엄슨Jack Williamson의 SF 소설 『Collision Orbit』에서 처음 쓰였지. 이후 1961년 칼 세이건Carl Sagan이 금성을 지구화하는 아이디어를 논문에 제안하면서 본격적으로 논의되었어.

이는 '지구'를 뜻하는 'terra-'와 '형성'을 의미하는 '-forming'이 합쳐져 생긴 말로, 다른 행성을 지구처럼 바꾼다는 뜻이지. 즉, 공기나 물이 없고 너무 춥거나 뜨거운 행성에 대기와 온도, 수분 같은 요소를 인위적으로 조성해서 생명체가 살 수 있는 환경으로 바꾸는 행위야.

그런데 화성을 테라포밍하기 위해선 넘어야 할 산이 정말 많아. 앞서 말했듯이 화성에는 대기가 거의 없고, 있다고 해도 대부분이 이산화탄소야. 우리가 숨 쉴 수 있는 산소는 0.1%도 안 되지. 기온도 매우 낮아서 평균 기온이 -63℃ 정도 되거든.

더욱이 지표면에는 액체 상태의 물을 거의 찾을 수 없고, 극지방에 얼음 형태로 존재하는 물이 있다고 해도 녹이는 것조차 쉽지 않은 상황이지. 기압은 더 큰 문제야. 화성의 대기압은 지구의 1% 수준밖에 되지 않아서, 만약 사람이 보호장비 없이 노출된다면 곧바로 의식을 잃게 되거든.

이 모든 걸 제쳐두고라도, 가장 큰 장벽은 자기장이 없어 방사선을 막을 수 없다는 거야. 지구는 핵 중심에 금속이 풍부한 액체가 흐르면서 자기장을 만들어내는데, 그 자기장이 태양에서 오는 해로운 방사선을 막아주는 보호막 역할을 하지. 그에 비해 크기가 작은 화성은 초기 형성 과정에서 내부가 일찍 식어버렸기 때문에, 핵이 움직이지 않고 굳어 자기장이 전혀 없는 상태야.

결국 아무리 대기나 물, 온도를 인공적으로 조성해도 자기장이 없으면 방사선이 그대로 쏟아져 생명체가 장기간 버티기 힘들어. 따라서 화성을 사람이 실제로 거주할 수 있는 공간으로 만들기 위해선, 무엇보

 재난 영화 속 기후환경 빼먹기

화성의 테라포밍 상상도

다 이 자기장 문제를 해결하는 게 가장 어려우면서도 중요한 과제인 거지.

그런데 영화에서 조류가 산소를 생성한다고 했잖아요? 그게 진짜 가능한 거예요?

응, 그건 실제 과학에 기반한 설정이야. 지구도 처음에는 지금처럼 산소가 풍부하지 않았어. 대기에는 이산화탄소와 메탄 같은 기체가 대부분이었고, 산소는 거의 없었지.

그런데 지금으로부터 약 30억 년 전, 남세균Cyanobacteria이라는 광합성 미생물이 바다에 번성하면서 상황이 달라지기 시작했어. 남세균은 원핵생물이지만 오늘날의 조류와 비슷하게 광합성을 할 수 있었기 때문에 이산화탄소를 흡수하고 산소를 배출할 수 있었거든.

이런 과정이 수억 년 동안 계속되면서 약 24억 년 전쯤부터는 대기 중 산소 농도가 크게 높아지기 시작했는데, 이를 '산소 대폭발GOE: Great Oxygenation Event'이라고 불러. 과학자들은 화성에서도 이와 비슷한 원리를 적용해 보려는 거야.

특히 화성처럼 이산화탄소가 풍부한 환경에서는 조류나 광합성 미생물을 활용해 산소를 만들어낼 수 있을 것으로 추측하는 거지.

화성에 산소를 만들기 위해 과학자들은 어떤 노력을 하고 있어요?

NASA는 2020년에 화성 탐사선 퍼서비어런스Perseverance를 화성에 보냈는데, 그 안에는 목시MOXIE, Mars Oxygen In-Situ Resource Utilization Experiment라는 실험 장치가 실려 있었어.

목시는 화성 대기의 주성분인 이산화탄소를 전기 분해해서 산소를 생산하는 장치야. 2021년에는 이 장치를 이용해 약 10분 동안 5g의 산소를 생산하는 데 성공했지. 이 정도 양이면 우주인 한 명이 약 10분 정도 숨 쉴 수 있어.

이론상으론 이 장치를 수천 대 이상 설치하면, 산소 공급뿐 아니라 화성의 대기압 자체도 높일 수 있어. 아직 초기 단계지만, 가장 현실적

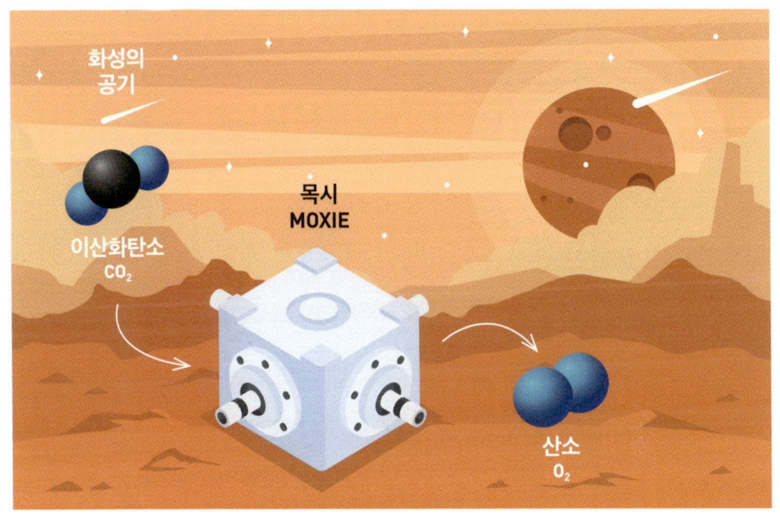

목시에 의한 산소 발생 모식도

인 테라포밍 기술 중 하나로 여겨지고 있지.

또 다른 방법도 연구되고 있어. 사막에서도 잘 자랄 수 있는 청록색 조류나, 남세균 같은 광합성 원핵생물, 그리고 지구의 극한 환경에서도 살아남는 다양한 미생물을 활용해 화성에서 산소를 만들어내는 방안이야. 과학자들은 이런 생물들이 화성 환경에서 실제로 자랄 수 있을지, 그리고 그들이 광합성을 통해 산소를 얼마나 안정적으로 생산할 수 있을지 등을 실험실 시뮬레이션을 통해 하나씩 검증하고 있어.

화성의 다른 문제를 해결하기 위한 테라포밍 연구엔 어떤 것들이 진행되고 있어요?

여러 가지가 있는데, 먼저 화성 학회Mars Society를 만든 로버트 주브린Robert Zubrin 박사는 화성 극지방에 있는 이산화탄소 얼음층을 녹이면, 온실가스가 대기 중으로 방출되어 화성의 온도를 서서히 높일 수 있다고 주장했어. 이처럼 '극지방 증기화Polar Sublimation'를 통해 온실효과를 유도하는 방식은 대표적인 테라포밍 초기 단계 전략 중 하나야. 아직 실현된 건 아니지만, 이론적으로는 화성의 기온을 상승시키고 대기 밀도를 높이는 데 도움을 줄 수 있을 것으로 보고 있어.

또 다른 아이디어도 있어. 우주에 거대한 반사 거울을 띄워서 태양 빛을 화성의 특정 지역에 집중시키는 방식이야. 이 반사 거울은 태양광을 증폭해서 일부 지역의 온도를 높이려는 건데, 그렇게 되면 얼음이 녹아 기화되면서 대기압이 올라갈 수 있다고 생각하는 거지. 이 방법 역시 아직은 아이디어 수준이지만 말이야.

그 밖에도 유럽우주국ESA은 위성을 이용해 화성 지표 아래에 얼음이 어디에 얼마나 분포해 있는지 조사하기 위해 '지하 수빙층 지도Ice Map'를 만들었어. 그 결과, 화성 고위도 지역의 지하 약 1m 이내에 얼음이 존재한다는 사실을 밝혀냈지. 이 얼음은 나중에 녹여서 조류를 키우거나 인간이 쓸 물로 활용할 수 있어서 아주 중요한 연구 성과라고 볼 수 있어.

삼촌, 예전엔 화성에도 자기장이 있었다면서요?

맞아. 과거엔 화성에도 자기장이 있었던 것으로 보이지만, 지금은

재난 영화 속 기후환경 빼먹기

완전히 사라져 버렸지. 화성의 오래된 암석에서 잔류 자기Remanent magnetism가 발견된 걸 보면 알 수 있거든.

반면 지금의 화성에는 행성 전체를 감싸는 자기장이 전혀 없어. 자기장이 사라지면서 화성은 태양풍에 그대로 노출되었고, 그 결과 대기도 대부분 우주로 날아가 버렸어. 그래서 지금처럼 얇고 건조한 대기를 가진 황량한 행성이 된 거야.

만약 화성을 테라포밍해서 대기와 물을 만들어낸다고 해도, 자기장이 없는 상태라면 그 대기도 다시 우주로 흩어질 수 있어. 그래서 화성을 사람이 살 수 있는 곳으로 바꾸기 위해서는 자기장 문제를 해결하는 게 가장 중요한 과제야.

그럼, 화성의 자기장 문제는 해결할 수 없는 거예요?

그것도 물론 연구 중이지. NASA는 2017년에 화성과 태양 사이에 인공 자기장을 만드는 개념, 즉 '라그랑주 포인트 자기장 방패Lagrange Point Magnetic Shield'를 제안했거든. 아직은 초보 단계이지만, 화성을 방사선으로부터 보호할 수 있는 첫 번째 시도라는 점에서 의미가 크지.

우선 라그랑주 포인트가 뭔지부터 알아야겠지? 라그랑주 포인트는 태양과 어떤 행성(예를 들어 지구나 화성)의 중력과 원심력이 균형을 이루는 지점을 말해. 쉽게 말해, 우주 공간에서 물체가 연료 없이도 거의 움직이지 않고 그 자리에 머물 수 있는 안정적인 위치인 거야. 화성의 경우, 태양과 화성 사이에 있는 L1 라그랑주 포인트가 바로 그런 자리야.

과학자들은 이 위치에 거대한 인공 장치를 띄워서 강한 자기장을 만들고, 이를 이용해 태양에서 날아오는 입자, 즉 태양풍이 화성에 도달하기 전에 우회하도록 유도하려는 계획을 세우고 있어. 그렇게 하면 태양풍에 의해 화성의 대기가 계속 증발해 사라지는 걸 막을 수 있다고 기대하는 거지.

이 자기장 방패는 강력한 자석 코일이나 플라스마를 생성하는 장치를 이용해 만들 수 있어. 지구만큼은 아니겠지만, 자기장이 형성되면 태양풍 입자들이 우회하면서 보호막처럼 작용하게 되는 원리야.

그밖에 직접 방사선을 막는 방식도 연구되고 있어. MIT와 NASA는 화성용 3D 프린팅 기술을 이용해 방사선 차단 기능을 갖춘 거주지 구

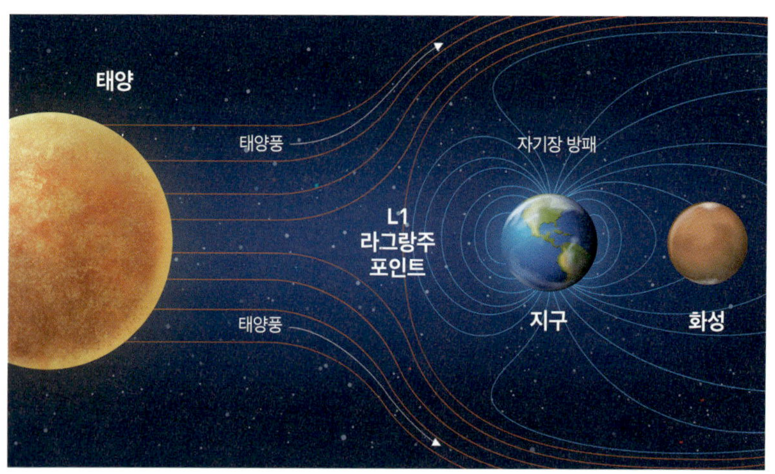

라그랑주 자기장 방패 모형도

 재난 영화 속 기후환경 빼먹기

조물을 설계하고 있거든. 화성의 적도 근처 계곡 지대나, 자연적으로 형성된 지하 용암동굴이 주요 후보지로 거론되고 있지. 이 지하 공간은 두꺼운 암석층으로 덮여 있어서 방사선을 막아주는 효과가 크기 때문이야.

NASA와 ESA는 공동으로, 이 지하 동굴 안에 재활용이 가능한 고분자(폴리머)나 강도가 높은 탄소나노튜브로 만든 '풍선형 차폐 구조물'을 설치하는 방안도 검토하고 있어. 이런 구조물은 가볍고 튼튼할 뿐 아니라, 설치가 비교적 간단하고 내부 기압 유지도 가능하다는 장점이 있지.

화성에는 없는 자기장이 지구에는 어떻게 생긴 거예요?

좋은 질문이야. 지구처럼 큰 행성 안에는 중심에 핵Core이 있어. 이 핵은 고체인 내핵과 액체인 외핵으로 나뉘는데, 외핵은 철과 니켈 같은 금속으로 이루어져 있고 액체 상태로 흐르고 있지. 이 액체 금속이 지구 자전과 함께 빠르게 회전하면서 전류를 만드는데, 이 전류가 지구 자기장의 원천이 되는 거야.

이러한 과정을 과학에서는 '지구 발전기 이론Geodynamo Theory'이라고 부르지. 이때 발생한 전류는 마치 보이지 않는 거대한 자석처럼 지구 전체를 감싸고 있어서, 태양에서 날아오는 해로운 태양풍으로부터 우리를 보호해 주는 거야. 사실 이 얘기는 영화 〈종말의 끝〉에서도 말해준 것 같은데, 벌써 잊은 건 아니겠지?

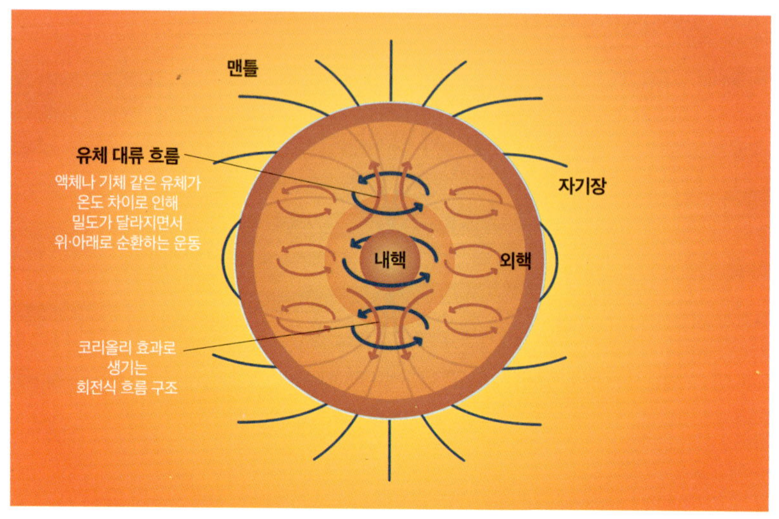

지구의 자기장 발생 과정

만약 화성에 생명체가 생겼다고 가정하면, 그 생명체는 지구에서처럼 진화할 수 있을까요?

생명이 진화하기 위해선 몇 가지 필수 조건이 있어. 바로 물, 에너지, 안정적인 환경, 그리고 유기물이 있어야 하지. 지구에서는 이 모든 조건이 적절히 갖춰졌기 때문에, 생명이 탄생하고 점차 복잡한 형태로 진화할 수 있었던 거야.

화성에도 과거에 물이 흐른 흔적이 있고, 일부 지역에서는 유기물이 존재했을 가능성도 보여. 하지만 현재 화성은 너무 춥고 건조한 환경이라 생명체가 살기에는 매우 어렵지. 그렇다고 해서 가능성이 완전히 사라진 건 아니야. 지구에도 극한 환경에서 살아가는 미생물들이 존재하

　재난 영화 속 기후환경 빼먹기

듯, 화성에도 아주 특수한 조건에서 살아가는 생명체가 있을 가능성이 있거든.

그런데 지구처럼 다양한 생명체가 화성에서 진화하려면, 단순히 생명의 씨앗만 있어서는 안 돼. 행성 전체의 환경이 근본적으로 바뀌고, 그것이 아주 오랜 시간 유지되어야만 가능해.

영화에서는 조류 같은 생물을 화성에 뿌려서 산소를 만드는 장면이 나오는데, 현실에서는 그런 일이 가능하다고 해도 수백 년, 어쩌면 수천 년이 걸릴 수도 있어. 그리고 무엇보다 생물이 자라기 위해서는 햇빛, 물, 적절한 온도, 적정한 기압 같은 기본 조건들이 모두 갖춰져야 하지.

결론적으로 테라포밍은 매우 매력적인 아이디어이긴 해도, 기술적인 한계와 에너지, 시간, 환경 조건을 모두 고려하면 지금 당장은 실현하기 어려운 도전이라고 볼 수 있어.

삼촌, 그런데 꼭 화성이어야 해요? 화성 말고는 사람이 살 수 있는 곳이 없어요?

지금 우리가 상상할 수 있는 다른 행성들은 대부분 너무 멀리 떨어져 있어서 가기 힘들어. 하지만 과학자들은 화성 외에도 지구처럼 생명체가 살 수 있을지도 모르는 '지구형 행성'을 찾고 있지.

지구형 행성은 단단한 암석 표면을 갖고 있고, 물이 액체 상태로 존재할 수 있으며, 생명체가 살 수 있는 조건을 갖춘 행성을 말해. 우리가 지구에서 알고 있는 생명의 기본 조건, 즉 물, 대기, 온도 같은 환경이 갖춰져 있을 가능성이 있다는 뜻이지.

그런 행성을 찾기 위해 NASA는 케플러 우주망원경을 우주에 띄웠어. 이 망원경은 별빛의 밝기가 아주 조금 줄어드는 것을 보고, 그 별 주위를 돌고 있는 행성이 있는지를 찾아내는 장치야. 지금까지 이 방식으로 수천 개의 외계 행성이 발견됐고, 그중 일부는 지구와 꽤 닮은 특징을 가지고 있어서 주목받고 있어.

그중 대표적인 행성이 케플러-452b야. 지구보다 조금 더 크고, 공전 주기가 385일로 지구의 1년과 거의 비슷해. 이 행성이 돌고 있는 별도 우리 태양과 닮았는데, 태양보다 나이가 조금 더 많아서 어떤 과학자들은 이 행성을 늙은 지구라고도 부르지.

또 다른 행성인 TOI-700d는 지구에서 약 100광년 떨어져 있어. 크기는 지구의 1.2배밖에 되지 않고, 표면에 액체 상태의 물이 존재할 수 있을 것으로 예상돼. 현재까지 발견된 지구형 행성 중 가장 유력한 후보로 꼽히고 있어.

글리제 581g도 빠질 수 없어. 이 행성은 한때 대기와 물이 존재할 가능성이 있다는 주장으로 큰 관심을 받았는데, 현재는 데이터 신뢰성 문제로 존재 여부가 확실치 않아. 그래도 생명체가 존재할 가능성이 있는 후보지로 여전히 언급되고 있지.

이처럼 지구보다 약간 더 크고, 사람이 살 수 있는 조건을 갖춘 암석형 외계 행성을 '슈퍼 지구Super Earth'라고 해. 다만 크기가 크면 중력

재난 영화 속 기후환경 빼먹기

케플러-452b, TOI-700d, Gliese581g 행성구성도

이 강할 수 있고 대기 성분도 다를 수 있기 때문에 실제로 살 수 있을지는 더 많은 연구를 해봐야 하지.

이런 행성들이 아무리 매력적으로 보여도, 문제는 거리야. 케플러-452b는 약 1,400광년 떨어져 있고, TOI-700d도 100광년 정도 떨어져 있어. 빛의 속도로도 수십 년에서 수백 년 이상 걸리는 거리라서, 현재 기술로는 갈 수 없지.

반면에 화성은 지구에서 가장 가까운 이웃 행성 중 하나고, 지금의 우주선으로 6개월 정도면 도착할 수 있기에 과학자들이 현실적인 목표로 먼저 화성을 선택한 거야.

그렇다고 외계 행성 탐사가 멈춘 건 아니야. 최근에는 제임스웹 우주망원경JWST을 이용해 외계 행성의 대기를 분석하는 연구가 활발히 진행되고 있거든. 대기 속에 물, 산소, 메탄 같은 성분이 있으면 생명체가 존재할 가능성이 커지기 때문이지. 이런 정보를 통해 언젠가는 화성 이후를 진지하게 준비하게 될지도 몰라. ●

화성에서의 농사, 과연 가능한가?

영화 〈마션〉에서는 주인공 마크 와트니가 자신이 가진 과학 지식을 총동원해 화성에서 감자를 재배하는 장면이 나옵니다. 이러한 장면은 허구가 아닌 과학적 사실에 근거하고 있습니다. 마크 와트니는 감자를 키우기 위해 고체 연료의 하이드라진Hydrazine, N_2H_4을 분해해 물을 얻어 냅니다. 다만 실제로 하이드라진 분해는 고온과 촉매가 필요하며, 영화에서는 이를 간략화해 표현했습니다.

그러나 화성의 토양에는 독성 물질인 과염소산염이 포함되어 있어 식물이 자라기에 적합하지 않습니다. 게다가 병원균 제거와 위생 처리를 거치지 않은 우주인의 배설물을 직접 비료로 사용하는 점도 현실적이진 않습니다. 하지만 이를 극복하기 위한 실제 연구가 활발히 진행되고 있습니다.

2017년, 국제 감자 센터CIP: International Potato Center와 NASA 에임즈Ames 연구소는 'Potatoes on Mars'라는 프로젝트를 공동 진행했습니다. 연구진은 화성의 토양 조건을 모사하기 위해 페루의 극한 건조 지대에서 채취한 흙을 사용하고, 화성 대기 조건(95% 이산화탄소, 저압, 낮은 온도)을 구현한

CubeSat 환경에서 감자를 심었습니다.

결과는 성공적이었습니다. 물론 일반적인 흙에서보다 생장이 더디고 다양한 조건을 정밀하게 조절해야 했지만, 화성에서의 생존 가능성은 충분히 입증되었다고 할 수 있습니다.

한편, 네덜란드 바게닝겐 대학교Wageningen University 연구진은 NASA가 제공한 화성 유사 토양(모래, 점토, 철산화물 등)을 사용해 무, 상추, 시금치, 콩, 퀴노아 등 10여 종의 식물을 재배하는 데 성공했습니다. 실험 결과 대부분의 식물이 잘 성장했으며, 토양에 물과 유기물을 첨가하면 수확량이 증가한다는 점도 확인되었습니다. 다만 일부 식물은 카드뮴, 납 등의 중금속 흡수량이 지나치게 높아 식용으로는 안전성이 부족할 수 있어, 이를 해결하기 위한 추가 연구가 필요합니다.

화성은 아니지만, 무중력 환경에서 식물이 자랄 수 있는지를 검증하기 위해 국제우주정거장ISS에서도 여러 실험이 진행되었습니다. NASA는 VeggieVegetable Production System와 APHAdvanced Plant Habitat 모듈을

MELiSSA Micro-Ecological Life Support System Alternative

활용해 상추, 무, 겨자, 밀, 애기장대 등 다양한 식물을 무중력 상태에서도 성공적으로 재배해 왔습니다.

이러한 식물 재배 모듈은 생물재생 유지시스템인 BLSS Bioregenerative Life Support System의 핵심으로, 산소 생성과 식량 생산을 동시에 담당합니다. 이는 더 큰 개념인 폐쇄형 생명유지시스템인 CLISS Closed Life Support System의 한 형태로 개발되고 있습니다. BLSS는 식물, 미생물, 인간이 하나의 순환 생태계를 형성해 식량, 산소, 물 등을 자체적으로 재생하는 시스템입니다. 반면, CLISS는 외부에서 물자를 거의 공급받지 않고 내부에서 물, 공기, 식량 등을 완전히 순환시켜 에너지 효율을 극대화할 수 있는 폐쇄형 시스템이라 할 수 있습니다.

유럽우주국도 MELiSSA Micro-Ecological Life Support System Alter-

 재난 영화 속 기후환경 빼먹기

우주에서의 식물 재배 시스템 개념도

native 프로젝트를 통해 BLSS 기반의 생명유지시스템을 연구 중이며, 궁극적으로는 우주에서 자급자족이 가능한 생태계를 구축하는 것을 목표로 하고 있습니다. 이는 NASA와 SpaceX가 추진 중인 화성 내 식량 자급 프로젝트의 핵심 개념 중 하나로 활용되고 있습니다. ●

여러분이 우주에서 식물을 키운다고 가정했을 때, 어떤 점들을 고려해야 할까요? 또, 키우기 적합한 식물에는 어떤 작물들이 있을지 생각해 보세요.

GMO와 식량 문제

#Disaster_Movie

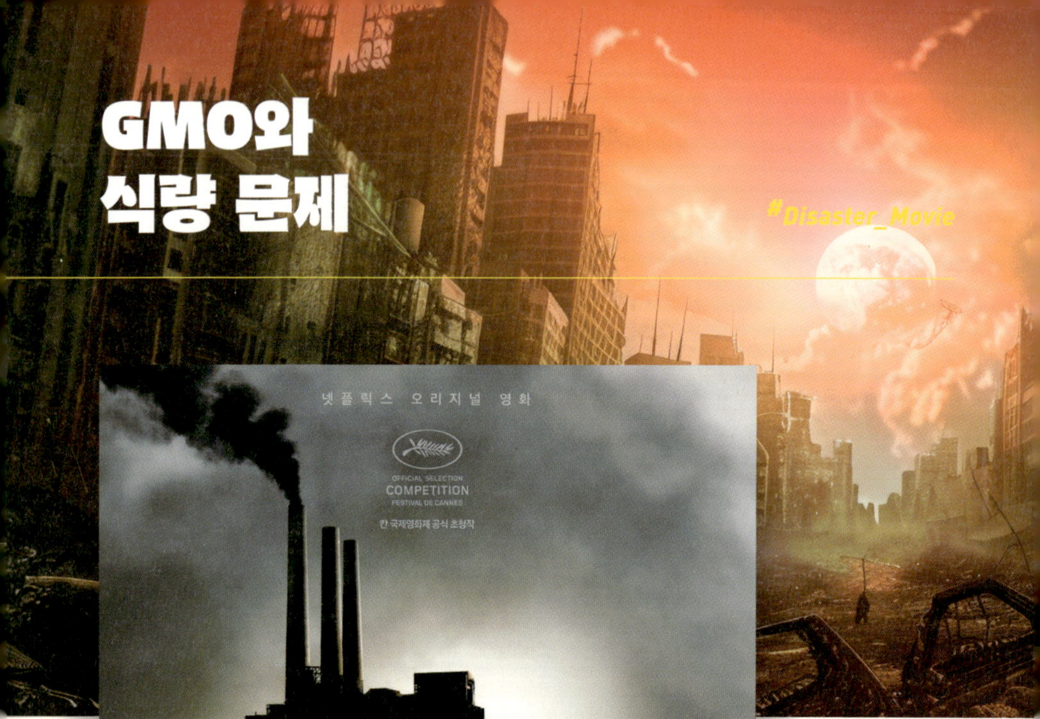

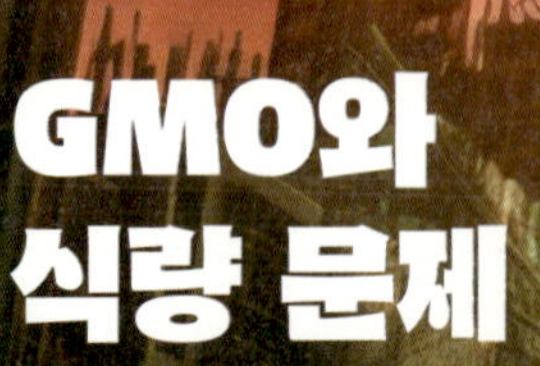

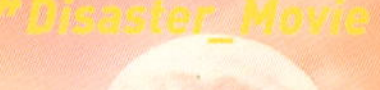

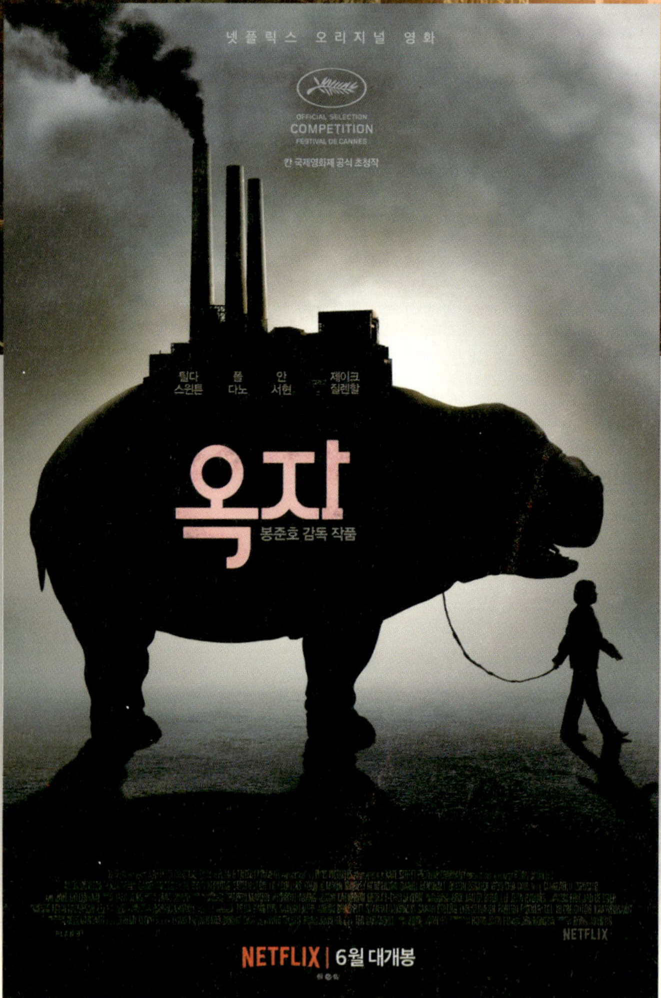

영화 〈옥자〉

(2017)

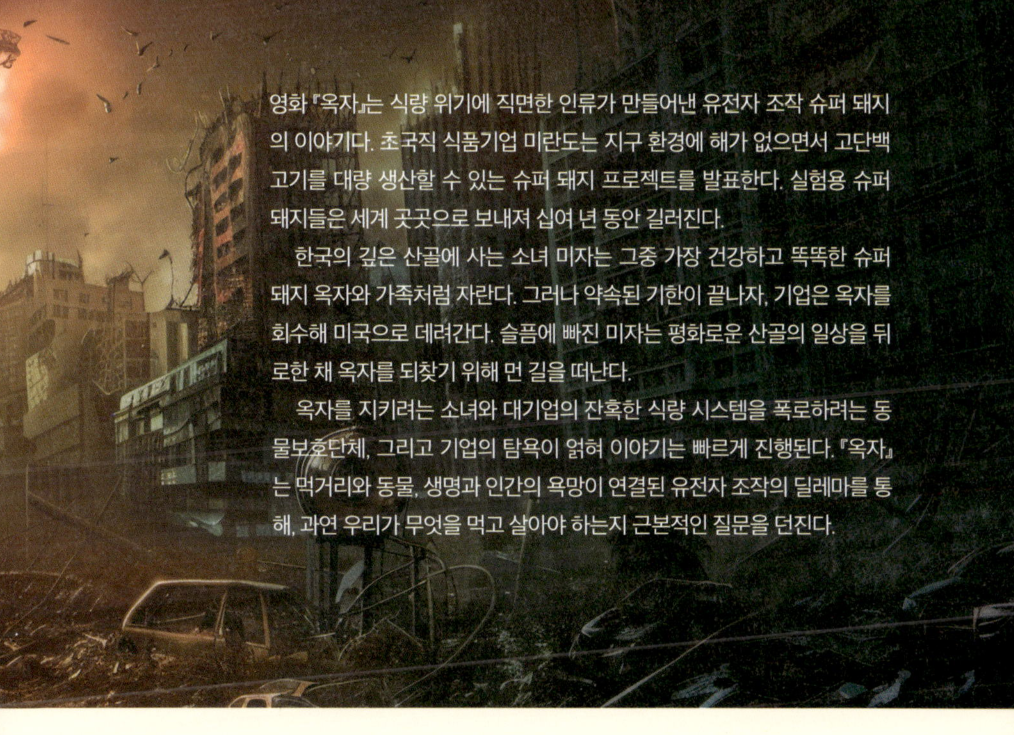

영화 『옥자』는 식량 위기에 직면한 인류가 만들어낸 유전자 조작 슈퍼 돼지의 이야기다. 초국적 식품기업 미란도는 지구 환경에 해가 없으면서 고단백 고기를 대량 생산할 수 있는 슈퍼 돼지 프로젝트를 발표한다. 실험용 슈퍼 돼지들은 세계 곳곳으로 보내져 십여 년 동안 길러진다.

한국의 깊은 산골에 사는 소녀 미자는 그중 가장 건강하고 똑똑한 슈퍼 돼지 옥자와 가족처럼 자란다. 그러나 약속된 기한이 끝나자, 기업은 옥자를 회수해 미국으로 데려간다. 슬픔에 빠진 미자는 평화로운 산골의 일상을 뒤로한 채 옥자를 되찾기 위해 먼 길을 떠난다.

옥자를 지키려는 소녀와 대기업의 잔혹한 식량 시스템을 폭로하려는 동물보호단체, 그리고 기업의 탐욕이 얽혀 이야기는 빠르게 진행된다. 『옥자』는 먹거리와 동물, 생명과 인간의 욕망이 연결된 유전자 조작의 딜레마를 통해, 과연 우리가 무엇을 먹고 살아야 하는지 근본적인 질문을 던진다.

자기 엄마에게 "지구 반대편에는 굶어 죽는 아이들도 있는데 웬 반찬 투정이냐?"라는 핀잔을 들은 민규가 머쓱해진 얼굴로 내 옆에 앉았습니다.

삼촌! 식량 문제가 엄마 말대로 그렇게 정말 심각해요? 그럼, 영화에서 본 옥자 같은 큰 돼지 만들면 해결되는 거 아니에요?

민규야. 엄마 말대로, 지구에는 굶고 있는 사람이 7~8억 명 정도 된다고 해. 반대로 음식이 너무 많아서 버려지는 나라도 있지. 더욱이 기후 위기가 계속되면 곡물 생산량이 줄어들어서 더 많은 사람이 굶을 수도 있어.

그 때문에 과학자들은 GMO를 하나의 해결책으로 생각한 거야. 농약을 덜 뿌려도 병충해에 강한 옥수수나, 영양소를 더 많이 가진 쌀을 만들면 가난한 나라 아이들도 배고프지 않고 건강하게 자랄 수 있으니까.

그렇다면 영화 속 옥자는 그저 상상 속의 이야기일까? 사실 완전히 불가능한 얘기는 아니야. 사람들은 아주 오래전부터 '어떻게 하면 더 많이, 더 쉽게 먹을 수 있을까?' 하는 생각을 해왔거든.

그래서 사람들은 벼와 밀을 선택해 농사를 짓고, 돼지와 소를 길러서 고기를 얻었지. 그런데 이제는 땅도 부족하고, 기후도 점점 변해가고 있어. 옥자 같은 슈퍼 돼지는 이러한 고민 끝에 태어난 존재야.

영화 〈옥자〉의 한 장면

그럼, 옥자 같은 슈퍼 돼지가 실제로도 존재해요?

아직 옥자 같은 돼지는 없지만, 비슷한 시도는 이미 하고 있어. 사람

 재난 영화 속 기후환경 빼먹기

들은 동물이나 식물을 더 빨리, 더 강하게 자랄 수 있도록 유전자를 정밀하게 편집하거든. 이런 걸 유전자 조작 생물GMO: Genetically Modified Organism이라고 부르지.

실제로 중국에서는 '돼지생식기호흡기증후군PRRS:Porcine Reproductive and Respiratory Syndrome' 같은 질병에 강한 돼지를 연구 중이고, 세계 최초 GMO 동물인 '아쿠어드밴티지AquAdvantage 연어'도 상업적으로 이미 판매되고 있어.

다만 옥자처럼 지나치게 큰 돼지를 만들면 관절이나 심장에 무리가 가서 건강 문제가 생길 수도 있어. 게다가 유전자 조작 동물이 자연으로 탈출하면 원래 생태계와 섞여서 예상치 못한 문제가 일어날 수 있어

다양한 GMO 음식들

서, 이러한 연구는 항상 안전과 윤리를 함께 고민하고 있지.

그런데, 사람들은 왜 굳이 유전자를 바꿔서까지 동물을 만들려고 하는 건데요? 그냥 돼지를 많이 키우면 되는 거 아니에요?

그게 말처럼 쉽지 않아. 예전엔 땅도 넓고 기후도 좋아서 농사를 많이 지을 수 있었지. 그런데 지금은 전 세계 인구가 80억 명이 넘는 데다가 매년 약 8천만 명씩 더 늘어나고 있지.

그뿐만이 아니야. 기후가 점점 뜨거워지고 비가 내려야 할 곳에 내리지 않고 있어. 태풍과 가뭄도 잦아져서 물도 부족한 상태야. 결국 농사 지을 땅은 부족한데 농사는 예전처럼 되지 않는 형편이지.

사람들은 이러한 문제를 해결하기 위해 다양한 방법을 시도하고 있어. 바로 필요한 유전자를 추가하거나 없애서 식물과 동물을 더 튼튼하고 더 빨리 자라게 하는 거야.

아! 그래서 GMO를 이용하는 거구나. 그런데 유전자를 바꾼다는 게 구체적으로 어떻게 하는 거예요?

좋은 질문이야! 옛날 농부들도 씨앗을 섞어서 새로운 품종을 만들었는데, 이는 자연스러운 교배라 할 수 있지. 하지만 GMO는 조금 달라. 과학자들이 식물이나 동물의 DNA를 직접 열어보고, 원하는 성질을 가진 유전자를 다른 종에서 가져와 직접 넣어주는 방식이거든.

가령 Bt 옥수수는 바실러스 튜린젠시스Bacillus thuringiensis라는 세균에서 해충을 죽이는 유전자를 가져와 옥수수에 넣은 거야. 이 옥수수를 먹은 해충은 그 유전자가 만들어내는 물질 때문에 죽게 되고, 덕분에 농약을 덜 쓰게 되지. 게다가 사람한테는 해가 없는 물질이야.

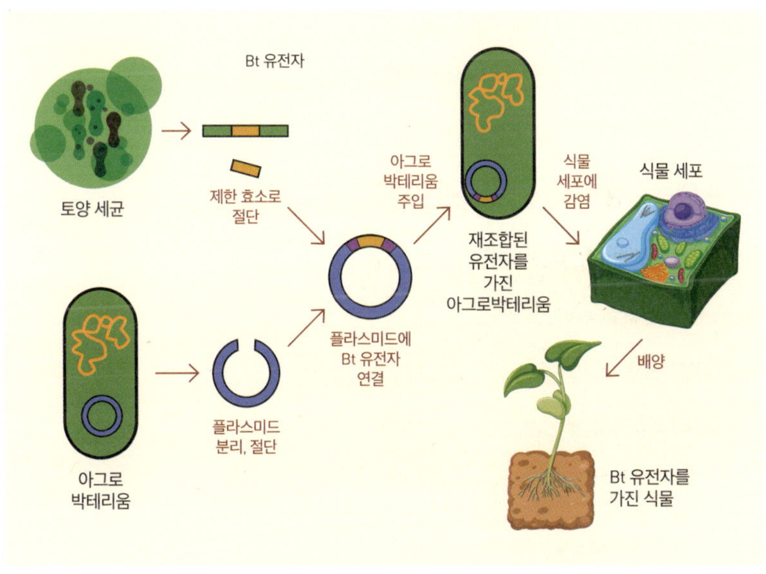

Bt 유전자를 가진 식물 생산 과정

이러한 유전자 조합 기술은 농업뿐만 아니라, 의약품 생산에도 사용되고 있어. 예를 들어 사람의 특정 단백질을 만드는 유전자를 담배 같은 식물에 넣으면, 그 식물이 의약 단백질을 만들어내게 할 수 있어.

담배는 생장 속도가 빠르고 대량 재배가 쉬워서 이런 연구에 자주 이용되거든. 실제로 혈액 응고에 중요한 단백질이나 항체, 백신 후보 단백질 같은 것을 담뱃잎에서 대량으로 생산하기도 해. 이렇게 얻은 단백질은 정제해서 치료제나 백신의 원료로 쓰이는데, 이런 기술을 '약을 만드는 농업'이라는 뜻으로 파밍Pharming이라고 불러.

한편, 사람과 동물 사이에도 비슷한 연구가 진행되고 있어. 서로 다른 종 간에 장기를 이식하는 걸 이종장기이식Xenotransplantation이라고 불러. 현재는 돼지에게 인간 유전자를 넣어서 사람에게 이식할 수 있는 장기를 키우는 연구를 진행 중이지. 실제로 2022년과 2024년에 미국에서 유전자 편집으로 만들어진 돼지의 장기를 사람에게 이식해 한동안 기능을 유지한 사례도 있어. 정말 대단하지?

사실 GMO 식품은 우리가 생각하는 것보다 이로운 점이 훨씬 많아. 많은 사람이 배고픔에서 벗어날 수 있었던 것도 바로 GMO 덕분이거든.

앞에서 잠시 말한 Bt 옥수수나 황금쌀이 대표적인 예라 할 수 있어. 동남아시아에는 쌀만 먹고 자라는 아이들이 많아서 비타민 A가 부족한데, 그러면 눈이 멀거나 병에 쉽게 걸릴 수 있어. 그래서 과학자들이 쌀에 비타민 A를 넣어서 만든 거야. 덕분에 비타민 A 결핍 문제를 줄일 수 있을 것으로 기대하고 있지.

또한, GMO 작물은 가뭄에 강하거나 벌레가 덜 생겨서 농약을 적게 써도 된다는 이점이 있어. 농약을 덜 쓰면 땅과 강도 깨끗해질 테니까 환경에도 도움이 되지. 게다가 식량 생산량이 늘어나서 식재료 가격이 안정되면 굶주리는 사람들도 줄게 되지.

와, GMO가 진짜 대단하네요! 옥자처럼 큰 돼지가 있으면 고기를 싸게 먹을 수 있으니까 좋겠어요.

그렇지. 더 많이, 더 싸게. 그게 바로 옥자를 만든 기업이 내세운 목표였지. 그런데 민규야, 세상에 좋은 점만 있는 기술은 거의 없단다. GMO에도 몇 가지 주의할 점이 있어.

첫째는 안전성 논란이야. 일부 사람들은 GMO 식품이 알레르기를 일으키거나 장기적으로 건강에 해로울까 봐 걱정을 많이 하거든. 지금까지는 철저한 검사 덕분에 큰 문제가 발견된 적은 없지만, 혹시 모를 상황에 대비해 과학자들도 계속 모니터링하고 있어.

둘째는 자연 생태계 문제야. GMO 작물이 자연에 섞이면 야생 식물과 교배해 제초제가 안 통하는 슈퍼 잡초가 생길 수도 있어. 이미 몇몇 나라에서 그런 사례가 보고된 적이 있거든. 또한 GMO 물고기가 바다로 탈출하면 토종 물고기와 경쟁해 생태계 균형이 깨질 위험도 있어. 그래서 GMO 연어는 바다로 못 나가게 엄격한 폐쇄 양식장에서만 키우고 있단다.

이런 문제들 때문에 GMO 작물이나 동물은 관리구역에서만 따로 키워야 하고, 바깥으로 나가지 못하게 철저히 막고 있지.

그런데 이보다 더 큰 문제는 따로 있어. 바로 인간의 돈에 대한 욕심이야. 대부분의 GMO 종자나 가축은 큰 기업이 특허권을 가지고 있어. 농부들은 매번 비싼 값을 주고 종자를 사야 하고, 자기 마음대로 씨앗을 남길 수도 없어. 그로 인해 소규모 농업을 하는 농부들은 점점 더 힘들어지고, 기업은 계속해서 많은 돈을 벌게 되지.

영화 속 옥자는 동물이자 기업의 돈줄이었던 거야. 이런 점이 많은 사람이 GMO에 불안감을 가지는 이유이기도 해. 기술 자체보다, 그걸 운영하는 인간의 탐욕이 더 무섭거든.

삼촌, 그러면 사람들이 GMO를 안 쓰면 되잖아요!

그게 그렇게 간단치 않아. 벌써 많은 나라가 GMO에 의존하고 있어서 당장 없애기 힘든 게 현실이거든.

2023년 기준 국제 생명공학 정보서비스의 발표에 의하면, 세계 농지 주요 작물 경작지 중 약 2억 헥타르가 GMO 작물을 기르고 있다고 하더라고. 이는 세계적으로 유통되고 있는 콩과 면화의 70~80%가 이미 GMO에 의해 생산되고 있다는 뜻이지.

반면 한국 정부는 GMO를 세심하게 관리하고 있어. GMO 식품에 라벨을 붙여서 소비자가 선택할 수 있게 하고, 자연에 퍼지지 않도록 재배 구역도 철저히 정해놓고 있지.

또한, 일부 농부들은 옛날 토종 종자를 지키기 위해 종자 은행을 만들고 있어. 다양한 품종을 보존하면 혹시 GMO에 문제가 생겨도 다시 안전한 식량을 키울 수 있으니까.

저번에 바나나 샀는데 무슨 번호가 적혀 있던데요. 그것도 GMO랑 관련
이 있어요?

아! 그거 잘 물어봤어. 과일에 붙은 숫자 스티커PLU: Price Look-Up
code에도 다 의미가 있어. 보통 4자리 숫자(3이나 4로 시작)는 일반 농법
으로 재배된 과일이야. 5자리 숫자에서 9로 시작하는 건 유기농이라는
뜻이지.

원래는 8로 시작하는 숫자가 GMO 농산물을 표시하기 위해 정해져
있었어. 그런데 실제로는 이 코드를 거의 쓰지 않고, 대신 포장지나 성분
표시에 GMO 여부를 따로 표시하게 되었지. 따라서 스티커만 보고는
GMO인지 아닌지 알기 어렵고, 제품 라벨을 잘 읽어보는 게 더 확실해.

수입 과일에 표시된 다양한 라벨들

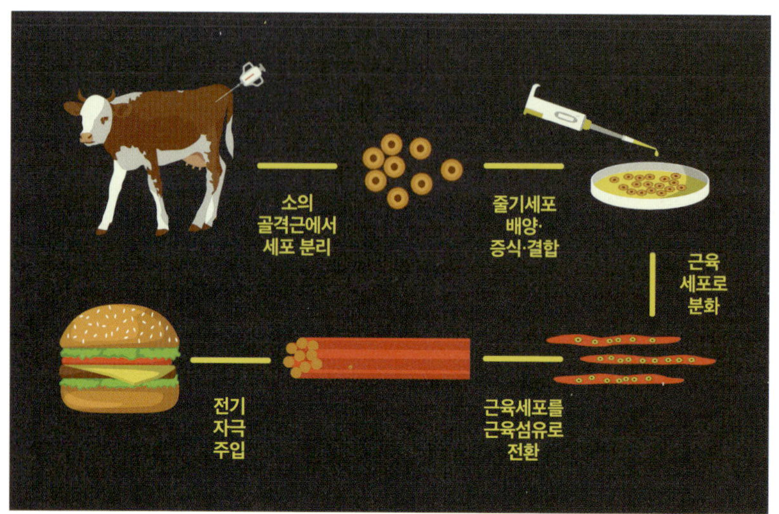

인공 배양육 생산 과정

앞으로 GMO 식품이 늘어나면 이것만 먹어야 해요?

꼭 그렇진 않아. 과학자들은 GMO를 대체할 새로운 방법을 연구하고 있거든. 대표적인 게 대체육과 배양육이야. 대체육은 콩이나 버섯 같은 식물로 고기 맛을 내는 거고, 배양육은 동물한테서 세포를 조금 떼어내 실험실에서 고기로 키우는 거야.

이렇게 하면 동물을 죽이지 않고 고기를 먹을 수 있어서 옥자 같은 슈퍼 돼지를 만들 필요도 없어지고, 동물 복지 문제도 줄일 수 있지. 물론 아직은 가격이 비싸서 연구가 더 필요하지만 말이야.

삼촌, 배양육이랑 콩고기는 많이 들어봤는데, 혹시 다른 방법도 있어요?

오늘따라 민규가 질문이 많네! 사실 요즘 과학자들은 합성생물학 Synthetic Biology이라는 기술로 새로운 음식 재료를 만들고 있어. 쉽게 말하면, 미생물의 유전자 회로를 원하는 대로 설계해서 특별한 일을 하게 만드는 기술이야.

GMO가 기존 생물의 유전자 일부를 고치는 거라면, 합성생물학은 원하는 기능을 가진 새로운 유전자 시스템을 직접 만들어서 넣는 거지.

우와! 그럼, 돼지나 소도 새로 만들 수 있어요?

동물 전체를 새로 만드는 건 아직 어렵지만, 박테리아나 효모 같은 미생물은 이미 많이 만들어 쓰고 있어. 예를 들어, 고기 맛을 내는 단백질을 만드는 효모나 우유 단백질을 만드는 미생물 같은 거야.

이런 미생물들을 큰 탱크에서 키우면 축사 없이도 고기 맛 단백질을 대량으로 얻을 수 있지. 이렇게 하면 물과 땅을 훨씬 적게 쓰고, 온실가스 배출량도 줄어들게 돼. 실제로 미국의 Perfect Day 같은 회사는 이런 기술로 인공 우유 단백질을 생산해서 아이스크림을 만들고 있단다.

과학자들은 앞으로 고기뿐만 아니라 치즈, 달걀흰자까지 합성생물학으로 만들 계획이야. 민규가 어른이 될 땐 마트에 합성생물학으로 만든 치즈가 있을지도 모르겠다! ●

멸종동물 복원 프로젝트 '디익스팅션'

수천 년 전, 북반구의 툰드라를 누비던 거대한 매머드는 기후변화와 인간의 사냥으로 멸종했습니다. 하지만 현재 과학자들은 이 멸종된 동물의 특징을 되살려 지구에 재등장시키려는 실험을 진행하고 있습니다. 이것이 바로 '디익스팅션De-extiction', 즉 멸종동물 복원 프로젝트입니다.

이 프로젝트의 핵심은 유전자 편집 기술입니다. 대표적으로 CRISPR-Cas9이라는 유전자 가위 기술이 사용됩니다. 과학자들은 시베리아 영구동토의 화석에서 매머드의 DNA 조각을 추출하고, 이를 현존하는 코끼리의 유전체에 삽입해 새로운 하이브리드 생명체를 만드는 연구를 진행하고 있습니다.

현재, 이 연구를 이끄는 대표적인 팀은 미국의 콜로설 바이오사이언스로, 이들은 2028년까지 매머드의 생리적 특징을 가진 코끼리를 탄생시키는 것이 목표라고 밝혔습니다. 단순한 옛 동물의 복원이 아니라, 기후변화로 위기에 처한 생태계 복원을 위한 노력이라고 설명합니다. 하지만 이러한 기술은 단순한 생물학적 도전이 아닙니다. 다음과 같은 근본적인 질문이 여전히 남

냉동 상태로
보존된
매머드 사체에서
DNA 채취
매머드 DNA와
가장 비슷한
아시아코끼리의
DNA 조작
매머드 DNA
아시아코끼리 DNA
조작된 DNA
조작된 DNA
빈 난자
조작된 DNA를
착상한 난자
매머드 복원
아시아코끼리의 난자에
인공적으로 만든
매머드의 DNA를
이식해
코끼리 자궁에
착상

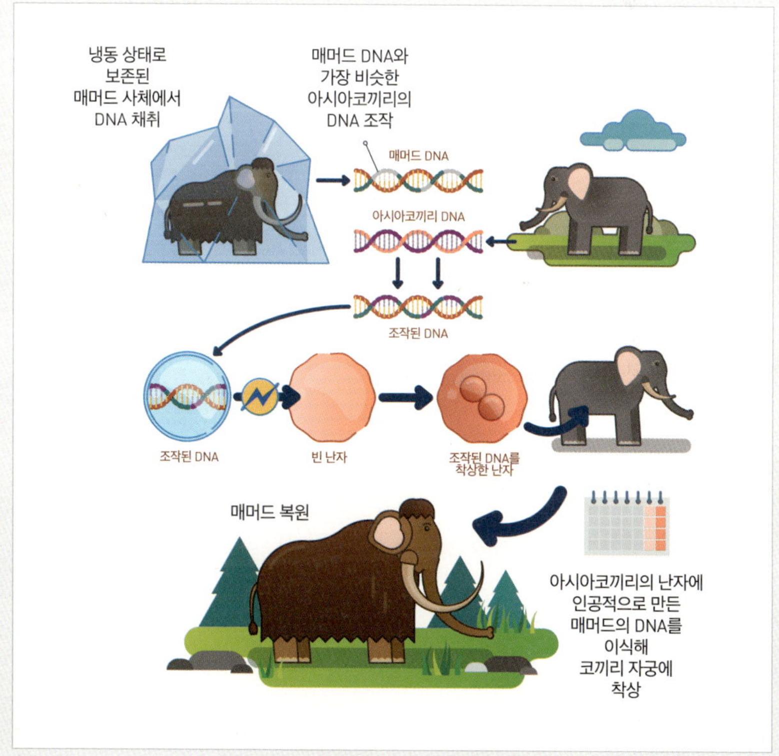

메머드 복원 과정

아 있기 때문입니다.

"매머드를 다시 만든다면, 그것은 진짜 매머드일까요?"

"그들은 어디에서, 어떻게 살아야 할까요?"

"인간에게 멸종된 종을 되살릴 권리가 있는 걸까요?"

과학은 가능성을 열어줍니다. 하지만 가능하다고 해서 반드시 해야 하는 것은 아닙니다. 따라서 디익스팅션 프로젝트는 생명의 정의, 자연의 순리, 인간의 책임에 대해 다시 생각하게 만드는 과학 실험입니다.

더욱이 이러한 기술은 미래의 어느 날 우리 자신을 복제할 열쇠가 될 수도 있습니다. 현재로서는 DNA 정보만으로는 기억까지 되살릴 수 없지만, 언젠가 뇌와 기억까지 복원할 기술이 개발될지도 모릅니다. ●

 재난 영화 속 기후환경 빼먹기

여러분은 유전자 조작을 통한 식품이 우리 밥상에 올라오는 것에
찬성하나요, 반대하나요? 또한, 그 이유는 무엇인가요?

지구 방어
시스템

영화 〈딥 임팩트〉

(1998)

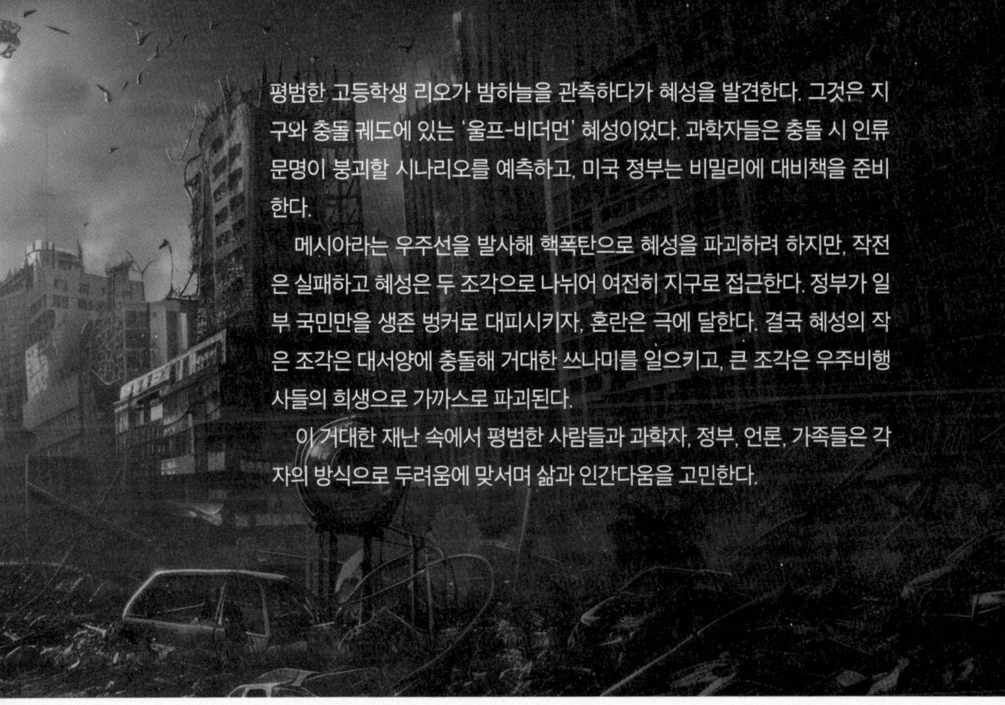

평범한 고등학생 리오가 밤하늘을 관측하다가 혜성을 발견한다. 그것은 지구와 충돌 궤도에 있는 '울프-비더먼' 혜성이었다. 과학자들은 충돌 시 인류 문명이 붕괴할 시나리오를 예측하고, 미국 정부는 비밀리에 대비책을 준비한다.

메시아라는 우주선을 발사해 핵폭탄으로 혜성을 파괴하려 하지만, 작전은 실패하고 혜성은 두 조각으로 나뉘어 여전히 지구로 접근한다. 정부가 일부 국민만을 생존 벙커로 대피시키자, 혼란은 극에 달한다. 결국 혜성의 작은 조각은 대서양에 충돌해 거대한 쓰나미를 일으키고, 큰 조각은 우주비행사들의 희생으로 가까스로 파괴된다.

이 거대한 재난 속에서 평범한 사람들과 과학자, 정부, 언론, 가족들은 각자의 방식으로 두려움에 맞서며 삶과 인간다움을 고민한다.

뉴스에서 군대 훈련 중 폭탄이 돼지 축사로 떨어져 피해를 봤다는 소식을 접하고 민규가 질문을 던집니다.

삼촌, 하늘에서 폭탄이 아니라 혜성이 떨어지면 지구가 멸망할 수 있어요?

민규야. 공룡이 멸종한 이유가 뭔지 알아?

운석 때문 아닌가요?

맞아. 그런데 그게 한밤중에, 아무 예고 없이, 쿵 하고 떨어졌다고 상상해 봐. 정말 엄청난 충격이었겠지?

영화 〈딥 임팩트〉의 한 장면

삼촌, 태양계 행성에 대해 자세히 설명해 주세요.

먼저 용어 정리를 조금 해볼까? 우리 태양계에는 스스로 빛을 내는 태양 같은 항성Star이 있어. 그리고 우리가 살고 있는 지구처럼, 태양 주위를 돌면서 스스로 빛을 내지 못하는 행성Planet들도 있지. 이런 행성들은 질량이 매우 크기 때문에 중력이 강해서 대부분 둥근 형태를 이루고 있어.

그런데 행성보다 크기는 작고 태양을 돌긴 하지만, 공전 궤도 주변의 다른 물체들을 완전히 치우지 못한 천체들도 있어. 이런 걸 왜행성Dwarf planet이라고 불러. 왜행성은 충분한 질량이 있어서 대체로 구형이지만, 주변에 다른 물체가 많이 남아 있는 게 행성과 다른 점이야.

또한, 왜행성보다 훨씬 작으면서 주로 화성과 목성 사이의 소행성대나 태양계 여러 곳에 흩어져 있는 작은 암석 천체들을 소행성Asteroid

 재난 영화 속 기후환경 빼먹기

이라고 해. 소행성의 평균 크기는 수 미터에서 수백 킬로미터까지 다양하지.

그런데 외행성Outer planets은 왜행성과 이름이 비슷하지만, 전혀 다른 의미야. 외행성은 태양계에서 화성보다 바깥쪽 궤도를 도는 큰 가스 행성들을 말하거든. 목성, 토성, 천왕성, 해왕성이 바로 여기에 속하지. 참고로 소행성은 이 외행성들에 비하면 아주 작은 편이야.

여러 천체의 크기 비교

그럼, 혜성은 뭐고 우주에서 날아온 운석은 또 뭔데요?

크기만 보면 혜성과 소행성은 비슷해 보이지만, 구성성분은 크게 달라. 소행성Asteroid은 주로 화성과 목성 사이의 궤도를 도는 암석이나 금속 덩어리이지만, 혜성Comet은 태양계 외곽에서 날아온 얼음과 먼지로 이루어진 천체거든. 크기도 수십 킬로미터 이하인 경우가 많지.

혜성의 특징 중 하나는 자신의 크기보다 훨씬 긴 꼬리를 갖는다는 거야. 이 꼬리는 혜성이 태양 가까이 접근했을 때, 태양빛과의 상호작용으로 얼음과 가스가 증발하면서 생겨. 이렇게 꼬리가 형성된 혜성이 밤하늘을 가로지를 때, 우리는 그걸 별똥별이나 유성Meteor이라고 부르지. 영화에서 지구와 충돌한 '울프-비더먼'이 꼬리를 지니고 있었다면, 그 역시 혜성이라 할 수 있어.

반면에 운석Meteorite은 우주에서 떨어진 암석 조각이 지구 대기권 진입 후에도 완전히 타지 않고 지표면까지 도달한 것을 말해. 지금까지 발견된 운석은 전 세계적으로 약 3만 개가 넘는데, 우리나라에서도 2014년 진주 지역에 운석이 떨어진 적이 있어. 사실 운석은 매일 지구로 떨어지고 있어. 다만 대부분 작아서 타버리거나, 사람이 없는 바다나 산속으로 떨어져서 우리가 눈치채지 못할 뿐이지.

혜성이나 소행성이 지구와 부딪히면 그 충격이 얼마나 크길래 공룡이 다 멸종해요?

그걸 알려면 먼저 혜성이나 소행성의 궤도를 알아야 해. 과학자들은 꼬리가 있는 천체를 관측해서 그 궤도를 추적하고, 지구와의 충돌 가능성을 계산할 수 있어. 아주 먼 거리라도 궤도만 제대로 파악하면, 지구에 충돌할 확률을 예측할 수 있거든.

그런데 만약 혜성이 지구와 충돌한다면 그 충격은 어느 정도일까? 만약 지름 10km짜리 혜성이 시속 수만 킬로미터로 지구랑 부딪힌다고

 재난 영화 속 기후환경 빼먹기

가정해 보자고. 아마도 그 충격은 핵폭탄 몇 개가 터지는 수준이 아니라, 별 하나가 떨어지는 정도의 위력일 거야. 대략 히로시마 원자폭탄의 약 1조 배에 달하는 수준이지.

공룡이 멸종한 중요한 원인 중의 하나도 우주에서 날아온 거대한 소행성과의 충돌 때문이었지. 약 6,600만 년 전, 지구는 공룡들이 지배하던 시대였어. 그때 지름 약 10km, 속도 시속 7만 km(약 20~30km/s)에 달하는 소행성 조각이 현재 멕시코 유카탄반도 인근 바다에 떨어진 거야. 그 충돌로 생긴 게 바로 지금의 칙술루브Chicxulub 크레이터인데, 지름은 약 180km, 깊이는 약 20km에 이른다고 하더라고. 그 규모만 봐도 충격이 얼마나 엄청났는지 짐작할 수 있지.

칙술루브 크레이터의 위치

당시 충돌 에너지는 히로시마 원폭의 10억 배 이상이었다고 해. 엄청난 열과 압력이 발생하면서 지표면 수백 km가 순식간에 증발했고, 이어서 규모 10~11의 지진이 전 세계에 퍼지며 화산 활동도 활발해졌어.

칙술루브의 문제는 그다음이었어. 충돌로 생긴 티타늄산염Titanium Oxide 먼지, 황산 에어로졸, 탄소 입자들이 대기 중으로 퍼지면서, 햇빛이 지구 표면에 도달하지 못하게 됐거든. 그 결과, 지구의 평균기온이 급격히 떨어지면서 이른바 소행성 겨울Asteroid Winter, 즉 빙하기가 시작된 거야.

이때 햇빛을 받지 못한 식물들이 광합성을 하지 못해 대거 죽으면서, 그 여파로 초식 공룡들이 사라졌어. 그리고 초식 공룡이 사라지자, 육식 공룡 역시 먹이를 잃고 도태되었어. 게다가 바다에서는 플랑크톤이 사라지면서 해양 생태계까지 무너졌어. 결국 이 연쇄적인 충격으로 지구 생물종의 약 75%가 멸종하게 되었지.

혜성이나 운석과의 충돌이 이것 말고도 또 있어요?

왜 없겠어. 이미 여러 차례 발견됐지. 그중 가장 오래된 사례는 약 20억 년 전, 남아프리카공화국 프레데포트Vredefort 지역에서 확인된 거야. 이곳에는 현재까지 발견된 것 중 가장 큰 충돌 흔적, 즉 지름만 약 250~300km에 달하는 거대한 크레이터가 남아 있어. 과학자들은 이 크레이터가 지름 10~15km 정도의 소행성이 지구와 충돌하면서 형성된 것으로 보고 있지.

혜성 조각과 관련한 사건도 있었어. 바로 퉁구스카 대폭발Tunguska Event이야. 1908년 6월 30일, 러시아 시베리아 퉁구스카 강 인근에서 일어난 일이었지. 당시 약 50m 크기의 소행성 또는 혜성 조각이 지구 대기권에 진입했는데, 지표면에 도달하기 전에 공중에서 폭발했어. 그 충격이 워낙 커서, 서울의 3배 면적에 해당하는 약 2,000km^{2}의 숲이 한꺼번에 쓰러졌을 정도였어. 다행히 인적이 없는 지역이라 인명 피해는 없었지만, 만약 도심에 떨어졌다면 상상조차 하기 어려운 재난이었을 거야.

운석과 충돌한 경우로는 2013년 2월 15일, 러시아 첼랴빈스크Chelya-binsk 상공에서 일어난 사건이 유명해. 지름 약 17m, 무게 약 12,000~13,000톤의 운석이 떨어지며 공중에서 폭발했는데, 이때 발생한 충격파로 건물 유리창이 산산이 부서지고, 약 1,500명이나 부상을 당했어. 특히 이 장면은 수많은 차량 블랙박스에 촬영되어 전 세계에 퍼지면서

체바르쿨 호수에서 인양된 600kg의 운석 ⓒ뉴데일리

큰 화제가 되었지. 폭발 후 떨어진 운석의 조각 일부는 체바르쿨 호수에서 인양되었는데, 그 가치가 무려 한화로 1조 4,400억 원에 이르렀다고 하더라고.

그럼, 영화처럼 거대한 소행성이나 혜성이 날아오면 그냥 당해야 하는 거예요? 우리가 할 수 있는 일은 없어요?

그런 생각은 영화에서도 많이 했지. '메시아 작전'처럼 우주선에 핵폭탄을 실어 혜성 안에서 폭발시키는 계획 말이야. 이는 이론적으로는 가능하지만, 현실에선 좀 복잡해. 왜냐하면 혜성은 단단한 암석 덩어리가 아니라, 얼음과 먼지가 뒤섞인 부드러운 구조거든. 그래서 폭탄을 터뜨리면 그냥 산산조각이 나버릴 가능성이 크지. 게다가 그 조각들이 다시 지구로 날아오면 오히려 피해가 더 커질 수도 있거든. 영화에서도 실제로 그렇게 나뉜 두 조각이 다시 지구를 향해 날아오는 장면이 있었잖아.

그렇다고 현실에서 손 놓고만 있는 건 아니야. 실제로 NASA는 2022년에 'DART 미션'을 실행에 옮겼어. 우주선을 소행성 디모르포스Dimorphos에 일부러 충돌시켜서, 그 궤도를 살짝 바꾸는 데 성공했지. 당시 충돌 속도는 시속 2만km가 넘었고, 그 여파로 디모르포스의 공전 주기가 몇 분 줄어드는 변화까지 생겼어. 영화 속 핵폭탄 대신, 우주선 자체를 충돌체로 사용한 거지.

두 번째 방법은 조금 더 부드러운 방식이야. 대형 우주선을 혜성 근

재난 영화 속 기후환경 빼먹기

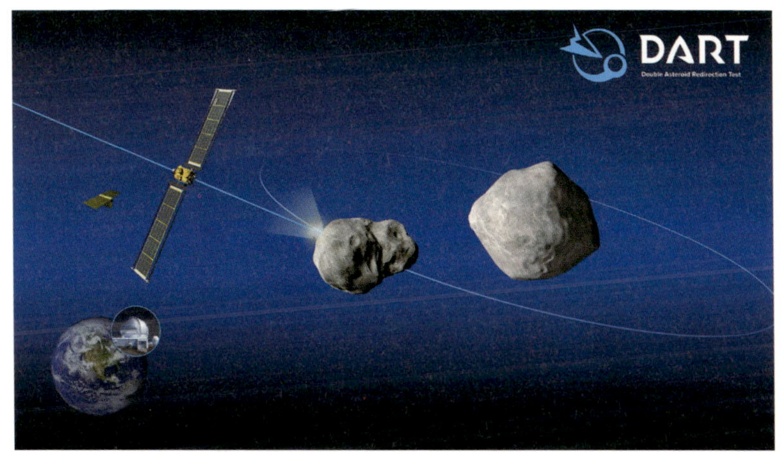

다트 미션 상상도 ⓒwikipedia

처에 띄워서, 중력으로 살짝 끌어당기듯 궤도를 바꾸는 방법이지. 이건 충격 없이 천천히 궤도를 조정할 수 있지만, 오랜 시간이 필요해서 아직 실현된 적은 없어.

또 다른 방법은 혜성의 특정 부위를 레이저나 반사판으로 가열해서, 그 열로 인해 기체가 분출되게 만드는 방식이야. 이 분출을 추진력으로 이용해 혜성의 궤도나 회전을 조금씩 바꾸는 기술도 현재 연구 중이지. 물론 영화처럼 핵무기를 이용해 혜성을 파괴하거나 방향을 튀게 만드는 방법도 이론상으론 가능해. 하지만 파편이 사방으로 퍼지면 그 자체가 또 하나의 위험이 되기 때문에 신중해야 하지.

만약 그런 노력에도 불구하고 충돌이 불가피한 상황이라면, 그땐 지하 벙커나 대피 시설로 피신하는 방안이 있어. 실제로 미국, 러시아, 노르웨이 등 일부 국가는 비상용 저장소나 생존 벙커를 미리 마련해 두고 있거든. 하지만 가장 안전한 방법은 충돌 위험이 있는 천체를 가능한 한 빨리 발견해서 충돌 전에 궤도를 살짝 바꾸는 거야.

정말로 벙커가 있다고요? 어디 어디에 있어요?

그럼. 특히 핵전쟁이나 대형 충돌 같은 재난에 대비해서 과학적으로 설계된 곳들이야.

대표적인 예로 미국 콜로라도에 있는 샤이엔 마운틴 벙커Cheyenne Mountain Complex를 들 수 있지. 이곳은 원래 군사기지로 지어졌지만, 핵폭발, EMP(전자기파), 지진, 충격파에 모두 견딜 수 있도록 설계되어 있어. 이 벙커는 1,800m 깊이의 산속을 파고 들어가서, 지하 암반 사이에 거대한 공간을 만들었어. 건물 하나하나가 스프링 위에 떠 있는 구조로 되어 있어서, 외부 충격이 오면 그대로 튕겨 나가게 돼. 일종의 충격 완충 장치인 셈이지.

또한, 외부 공기를 완전히

세계 최대 규모의 민간 핵 방호 벙커
스위스 Sonnenberg 벙커

 재난 영화 속 기후환경 빼먹기

차단하고도 내부에서 생활이 가능하도록, 자체 산소 공급 시스템은 물론 정수 시설과 전력 생산 장치까지 갖추고 있어. 한 번 들어가면 수천 명이 몇 개월간 머물 수 있도록 설계된 구조라고 하더라고.

비슷한 시설로는 스위스 전역에 있는 민방위 벙커들이야. 스위스는 냉전 시절부터 전 국민을 보호할 수 있도록 37만 개 이상의 벙커를 전국에 분산 배치해 왔지. 스위스는 건물을 지을 때 일정 규모 이상의 벙커 공간을 확보하도록 법으로 정해져 있거든. 그 덕분에 스위스는 인구 100%를 수용할 수 있는 핵 대피소 인프라를 갖춘 거의 유일한 나라가 되었어.

게다가 스위스 정부는 기존 벙커들을 정기적으로 점검하고, 지하 정수 시스템, 공기 필터, 통신 설비, EMP(전자기펄스) 보호 기능 등을 단계적으로 현대화하고 있어. 특히 최근에는 노후화된 벙커를 보수하고 최신 설비로 교체 중이야. 이는 지진이나 핵 공격뿐 아니라, 기후 재난이나 우주 충돌 같은 복합 재난에도 대비할 수 있도록 업그레이드하는 거지. 하지만 결국 가장 좋은 방법은 벙커에 들어가는 것보다 위험을 가능한 한 빨리 감지하고 대비하는 거야. 그게 바로 과학의 힘이자 우리가 할 수 있는 최선의 방어지. ●

소행성 탐사의 목적

소행성은 단순히 지구와 충돌할까 봐 걱정해야 하는 돌덩이만은 아닙니다. 그들은 태양계가 막 태어났을 때의 원시 물질을 그대로 간직한 우주의 타임캡슐이기 때문입니다. 이 때문에 과학자들은 태양계의 기원과 지구 생명의 출발점을 이해하기 위해 소행성을 탐사하고 있습니다.

이런 탐사의 대표적인 사례가 바로 NASA의 오시리스-렉스OSIRIS-REx 미션입니다. 2016년에 발사된 이 탐사선은 지름 500m 크기의 소행성 베누Bennu를 목표로 삼았는데, 베누는 언젠가 지구와 충돌할 가능성이 있는 잠재적 위협 천체Potentially Hazardous Asteroid로 분류되기도 합니다.

오시리스-렉스는 2018년 베누의 궤도에 진입한 뒤, 2년 이상 그 주변을 돌며 지형과 물리적 특성을 정밀 분석했습니다. 그리고 2020년, 마치 로봇 팔이 살짝 손가락을 대듯 부드럽게 착륙해, 탄소질 토양 약 250g을 채취하는 데 성공했습니다. NASA의 원래 목표는 60g이었으나, 예상보다 많은 양이 들어가 수거 장치 뚜껑이 닫히지 않을 뻔한 해프닝도 있었다고 합니다. 채취한 표본은 2023년 9월, 지구로 귀환해 미국 유타 사막에 무사히 착륙했

오시리스-렉스가 베누로부터 샘플을 채취해 복귀하는 모습 ©NASA

습니다. 현재 과학자들은 이 소행성 먼지를 분석하며, 유기물의 흔적, 물의 존재, 생명의 기원과 관련된 단서들을 찾고 있습니다.

영화처럼 충돌을 막는 미션은 아니지만, 오시리스-렉스는 우주에 떠다니는 암석 하나가 지구의 과거와 미래를 연결해 주는 열쇠가 될 수 있음을 보여준 과학적 쾌거라고 할 수 있습니다. ●

만약 소행성이 우리에게 다가온다는 소식을 듣는다면, 여러분은 가장 먼저 어떤 행동을 할 건가요?

인류의 기후 조정

#Disaster_Movie

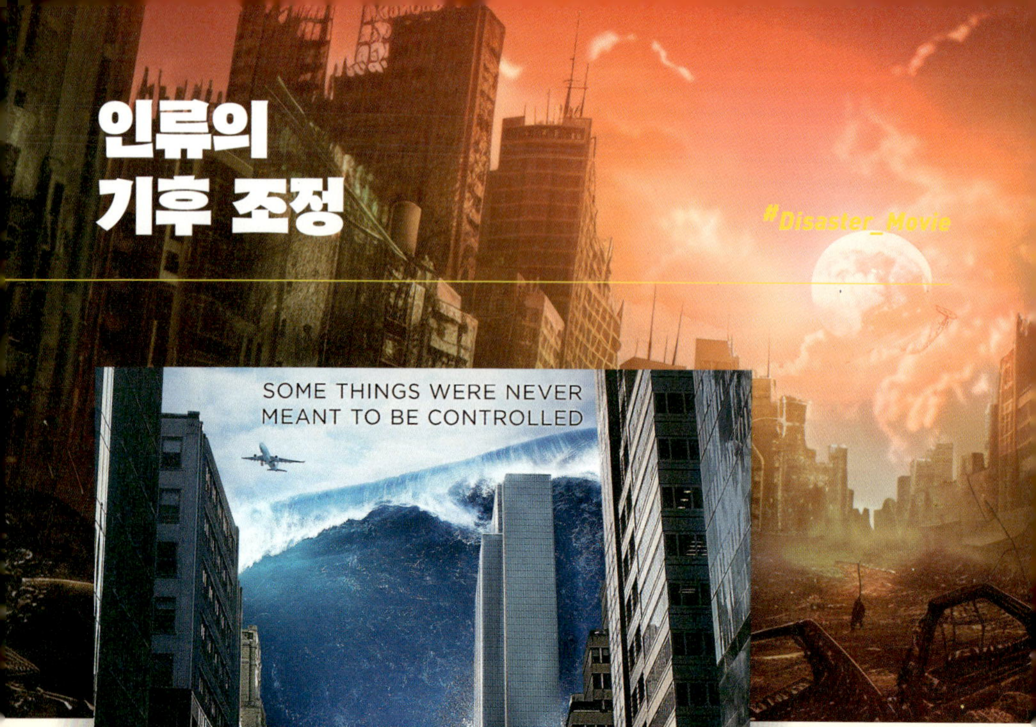

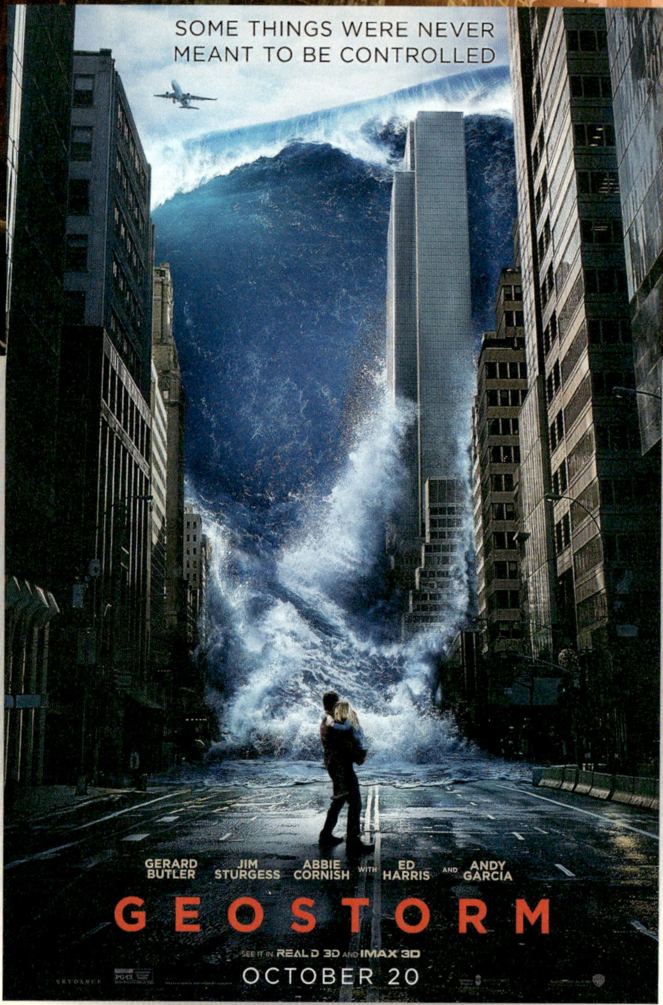

인류의
기후 조정

#Disaster_Movie

SOME THINGS WERE NEVER
MEANT TO BE CONTROLLED

GERARD BUTLER   JIM STURGESS   ABBIE CORNISH   WITH ED HARRIS   AND ANDY GARCIA

GEOSTORM

SEE IT IN REAL D 3D AND IMAX 3D
OCTOBER 20

영화 〈지오스톰〉
(2017)

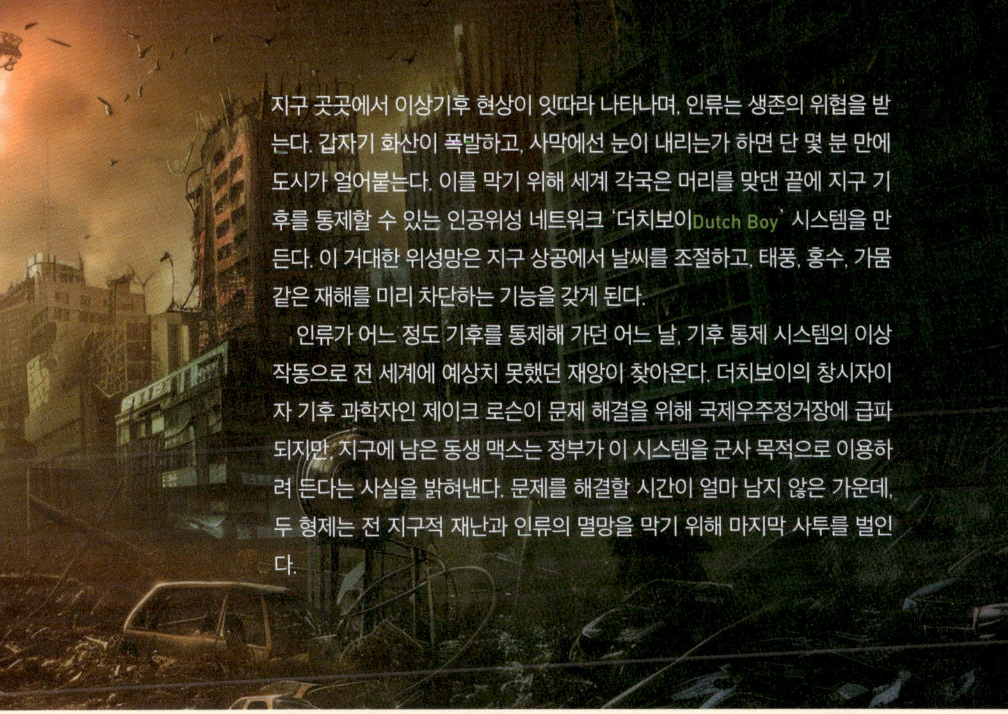

지구 곳곳에서 이상기후 현상이 잇따라 나타나며, 인류는 생존의 위협을 받는다. 갑자기 화산이 폭발하고, 사막에선 눈이 내리는가 하면 단 몇 분 만에 도시가 얼어붙는다. 이를 막기 위해 세계 각국은 머리를 맞댄 끝에 지구 기후를 통제할 수 있는 인공위성 네트워크 '더치보이Dutch Boy' 시스템을 만든다. 이 거대한 위성망은 지구 상공에서 날씨를 조절하고, 태풍, 홍수, 가뭄 같은 재해를 미리 차단하는 기능을 갖게 된다.

인류가 어느 정도 기후를 통제해 가던 어느 날, 기후 통제 시스템의 이상 작동으로 전 세계에 예상치 못했던 재앙이 찾아온다. 더치보이의 창시자이자 기후 과학자인 제이크 로슨이 문제 해결을 위해 국제우주정거장에 급파되지만, 지구에 남은 동생 맥스는 정부가 이 시스템을 군사 목적으로 이용하려 든다는 사실을 밝혀낸다. 문제를 해결할 시간이 얼마 남지 않은 가운데, 두 형제는 전 지구적 재난과 인류의 멸망을 막기 위해 마지막 사투를 벌인다.

뉴스에서 성탄 전야 한파로 홍콩에서 7명이 숨졌다는 소식을 들은 민규가 깜짝 놀라 질문했습니다.

삼촌, 홍콩이 저렇게 갑자기 추워질 수 있는 거예요?

가능한 게 아니라, 이미 벌어진 일이야. 요즘 이상기후 현상이 심각한 수준이거든. 가끔은 정말 우리가 날씨를 마음대로 바꿀 수 있으면 좋겠다는 생각이 들 때가 있어. 그런데 너도 알고 있니? 실제로 과학계에서는 그런 일이 가능하도록 연구가 진행되고 있다는걸.

그게 무슨 말이에요? 정말 비를 멈추게 하거나 태풍을 없앨 수도 있다는 거예요?

아직 태풍을 없애는 건 불가능하지만, 인공강우처럼 국지적인 기상 조절은 가능해. 영화 〈지오스톰〉을 보면 그 흐름을 어느 정도 이해할 수 있을 거야

영화 〈지오스톰〉의 한 장면

삼촌, 영화처럼 위성을 이용해서 정말 날씨를 조종할 수 있어요?

인류는 아주 오래전부터 날씨를 마음대로 조종하길 꿈꿔 왔어. 예전에는 하늘에 기우제를 지내거나, 불을 피워 연기를 내면 구름이 몰려온다고 믿기도 했지. 물론 지금 생각하면 이해하기 힘들지만, 이러한 꿈은 이제 과학의 힘을 빌려 현실이 되고 있어. 바로 '기후공학Geo-engineering'이라는 새로운 과학 분야 덕분이지.

혹시 일론 머스크의 '스타링크Starlink'라는 프로젝트 들어봤니? 지

 재난 영화 속 기후환경 빼먹기

구 어디서든 인터넷을 사용할 수 있게 하려는 대규모 위성 통신망 계획이야. 사실 이건 직접적으로 기후를 조절하는 기술은 아니야. 하지만 이렇게 많은 위성을 우주에 띄울 수 있는 기술이 발전하면서 '우주거울 Space Mirror' 같은 기후공학 아이디어도 조금씩 논의되고 있어. 우주 거울은 햇빛을 반사할 수 있는 거대한 거울이나 우산 같은 위성을 우주에 띄워서, 지구로 들어오는 햇빛의 양을 줄이겠다는 개념이지. 아직은 아이디어 수준이지만, 먼 미래엔 실현될 수도 있다고 봐.

기후를 조작하는 기술에는 어떤 방법들이 있어요?

현재 논의되고 있는 대표적인 기후 조작 방법에는 두 가지가 있어. 하나는 태양복사 관리이고, 다른 하나는 탄소 제거 기술이야.

먼저, 태양복사 관리SRM, Solar Radiation Management는 말 그대로 지구가 받는 햇빛의 양을 줄여서 지구의 온도를 낮추려는 방법이야. 지구가 점점 더워지니까, 일부 과학자들은 대기 중에 아주 작은 입자(에어로졸)를 뿌려 햇빛의 일부를 반사시키는 방법을 연구하고 있어.

실제로 1991년에 필리핀의 피나투보 화산이 폭발했을 때, 공중에 퍼진 화산재 덕분에 지구의 평균 기온이 약 0.5℃ 정도 낮아진 적이 있었거든. 하버드 대학 연구팀은 이 원리를 응용해 '스코펙스SCoPEx' 프로젝트를 시행했지.

다만 이 실험은 예상치 못한 부작용과 국제적인 논란 때문에 아직 시행되지 못하고 있어. 만약 한 나라가 마음대로 이런 기술을 사용하면 다른 지역에 비가 덜 오거나 가뭄이 생길 수도 있거든. 이는 과학기술을 넘어서 국제 정치와 윤리 문제로도 이어지는 복잡한 주제야.

두 번째는 탄소[*] 제거CDR: Carbon Dioxide Removal 기술로, 공기 중에 있는 이산화탄소를 없애는 방식이야. 온실가스의 주범인 이산화탄소를 줄여 지구 온난화를 막겠다는 거지.

여기에는 여러 가지 방식이 있어. 우선 나무를 많이 심고, 나무나 농작물 찌꺼기를 태워 만든 바이오차Biochar를 토양에 묻어 탄소를 흡수하고 땅속에 장기 저장하는 방법이 그중의 하나야.

또한 바다에 철분을 뿌려 플랑크톤을 늘리고, 그 플랑크톤이 이산화탄소를 흡수한 뒤 해저로 가라앉게 하는 해양 비료화Ocean Iron Fertilization방식도 연구되고 있지.

한편, 연안의 맹그로브나 잘피밭처럼 자연적으로 탄소를 흡수하는 생태계를 블루카본Blue Carbon이라고 해. 이는 철분이 부족한 바다 지역을 대상으로 하는 간접적인 흡수 방식과 함께, 연안 생태계 보호를 통해 탄소를 줄이는 중요한 전략이야.

요즘엔 DACDirect Air Capture라고 해서, 공기 중의 이산화탄소를 직접 빨아들여 땅속에 저장하는 기술도 개발되고 있어. 스위스의 Climeworks라는 회사가 실제로 DAC 시설을 운영 중이야. 하지만 DAC 기술은 에너지 소모가 큰 데다 비용도 많이 들어서 널리 보급되기

---

* '탄소'는 CO_2를 대표하는 약칭이다.

 재난 영화 속 기후환경 빼먹기

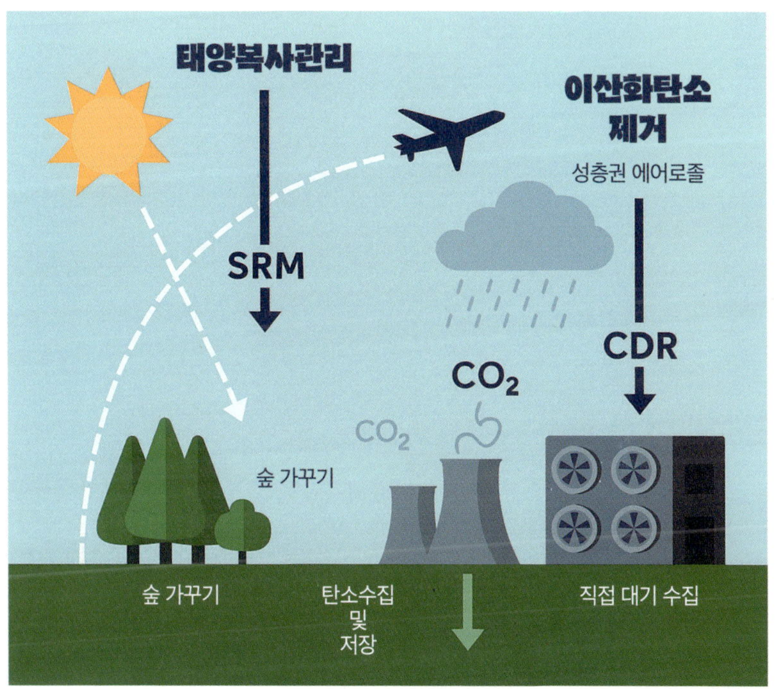

SRM & CDR 개념도

엔 시간이 좀 더 필요해 보여.

저번에 삼촌 책 보니까, 인공적으로 비를 내리는 기술도 소개되어 있던데요?

녀석. 삼촌 책 열심히 읽었구나. 맞아. 하늘에서 인공적으로 비를 내리는 기술을 인공강우Artificial Rainfall or Cloud Seeding라고 해. 우리가 필요할 때 비를 내릴 수만 있다면, 가뭄이 든 곳에 물을 공급하거나 산불을 막고 미세먼지를 줄이는 데 큰 도움이 되겠지. 그래서 지금도 여러 나라에서 활발하게 연구되고 있어. 그 원리는 다음과 같아.

사실 하늘에는 어느 정도 수증기가 늘 떠 있어. 그런데 이 수증기가 비가 되려면, 소금 알갱이와 같은 작은 응결핵이 필요해. 이런 입자에 수증기가 달라붙어 점점 커지다가, 무게를 이기지 못하고 땅으로 떨어지면 비가 되거든. 그래서 과학자들은 요오드화은이나 드라이아이스 같은 물질을 비행기, 로켓, 대포 등을 이용해 구름 속에 뿌리는 방법을 고안했어. 이 물질들이 응결핵 역할을 해서, 구름 속 수증기를 끌어모아 비를 인위적으로 만들어내는 원리지.

여기에 한발 더 나아가 위성을 이용한 기상 감시나 조작 기술도 함께 발전하고 있어. NASA와 ESA는 대기 상태, 해수면 온도, 구름 밀도 등을 정밀하게 측정하는 위성을 운영하고 있고, 미연방해양대기청NOAA의 위성 GOES-RGeostationary Operational Environmental Satellite R은 실시간으로 대형 태풍이나 폭풍의 형성과 이동을 추적해 재난 대응에 활용하고 있거든. 참고로 GOES-R은 4세대 위성 사업으로 S, T, U와 함께 총 4개의 정지궤도위성 시리즈를 가리키는 말이야.

실제로 인공강우 기술이 이용된 적이 있어요?

그럼, 물론이지. 중국은 2008년 베이징 올림픽을 앞두고 하늘을 맑게 만들기 위해 인공강우를 시도했어. 행사 당일에 비가 내리는 걸 막기 위해 비구름을 미리 유도해서 비를 뿌리게 한 거지.

 재난 영화 속 기후환경 빼먹기

또, 2015년에는 랴오닝성 부근의 극심한 가뭄을 해결하려고 서울시 면적의 절반에 해당하는 지역에 인공강우를 성공적으로 내리기도 했어.

중동 지역, 특히 연 강수량이 150mm도 되지 않는 아랍에미리트에서는 드론을 이용해 구름에 전기 자극을 가하는 방식으로 비를 유도하는

2019년 미세먼지 저감을 위해 한반도에서 실행된 인공강우 실험 ©기상청

실험을 계속하고 있어. 화학물질 대신 전기 방전을 통해 수증기를 응집시키는 친환경적인 방식으로 말이야.

그뿐만 아니라, 미국 콜로라도나 유타주에서는 겨울철 스키 시즌을 위해 인공적으로 눈을 만드는 실험도 진행되고 있어. 이처럼 나라별로 기후 조건에 맞춰 인공강우 또는 인공강설 기술을 다양하게 활용하고 있어.

우리나라에서는 1963년, 동국대학교 양인기 교수팀이 지상 연소 실험과 드라이아이스를 이용한 항공 실험을 최초로 시도했지만, 아쉽게도 실패하고 말았어. 그 뒤로 30여 년 동안 중단되었던 인공강우 실험은 지역 가뭄 해소와 수자원 확보를 목표로 1995년 3월 다시 시작되었지.

2019년에는 미세먼지를 줄이기 위한 목적으로 서해상에서 인공강우 실험을 진행했어. 그런데 이런 실험이 성공하려면 바람, 기온, 습도 같은 기상 요소를 아주 정밀하게 분석해야 해서 여전히 많은 어려움이 따르고 있어.

그럼, 비 말고도 날씨를 인공적으로 바꾸는 기술이 있어요?

물론이야. 실제로는 비를 내리는 것뿐만 아니라, 안개, 눈, 우박, 태풍 같은 기상 현상을 조절하려는 시도도 있어. 이를 통틀어 인공기상조절 기술이라고 해.

예를 들어, 공항처럼 안개가 자주 끼는 지역에서는 염화칼슘을 연소

탄 형태로 만들어 안개 속에서 전화시키면, 공기 중 안개 입자들이 염화칼슘에 달라붙어 무거운 물방울이 되어 떨어지는 방식이 활용돼. 또한, 드라이아이스를 이용해 안개를 눈으로 바꾸거나, 우박의 크기를 줄이는 데에도 이러한 기술이 일부 활용되고 있어.

반면 태풍의 세력을 약화시키는 기술은 지금까지 실험적 시도에 머물러 있고, 뚜렷한 효과가 입증되지 않았어. 실제로 1962년부터 1983년까지 미국에서는 '스톰퓨리Stormfury'라는 프로젝트를 진행했어. 이 프로젝트는 허리케인의 눈에 요오드화은을 뿌려 비를 유도하고, 그 과정에서 허리케인의 에너지를 약화하는 실험이었지. 하지만 조종사가 허리케인 내부로 직접 접근해야만 하는 위험성이 있는 데다가, 무엇보다도 실제로 효과가 있었는지에 대한 과학적 의문이 계속 제기되었어. 결국 이 프로젝트는 더 이상 이어지지 못하고 잠정적으로 중단되고 말았지.

그런데 기상예보는 어떻게 이루어지는 거예요?

전통적인 기상예보는 '수치예보 모델'이라는 방식을 기반으로 해. 슈퍼컴퓨터에 수천 개의 기상 수식과 전 세계에서 수집된 데이터를 입력해서, 대기의 흐름을 계산하고 날씨를 예측하는 방식이지. 이는 기상청이나 NASA 같은 기관들이 주로 사용하는 방법이야. 하지만 이러한 방식은 입력되는 초깃값이 조금만 달라져도 결과가 크게 달라지는 특징이 있어. 그래서 예측 기간이 5~6일만 넘어가도 정확도가 떨어지는 경우가 많지.

그런데 요즘은 AI가 날씨 예보에 활용되고 있어. 대표적인 예가 구글 딥마인드의 '그래프캐스트GraphCast'라는 모델이야. 이 모델은 지구 전역의 기상 데이터를 하나의 거대한 연결망처럼 그래프로 표현하고,

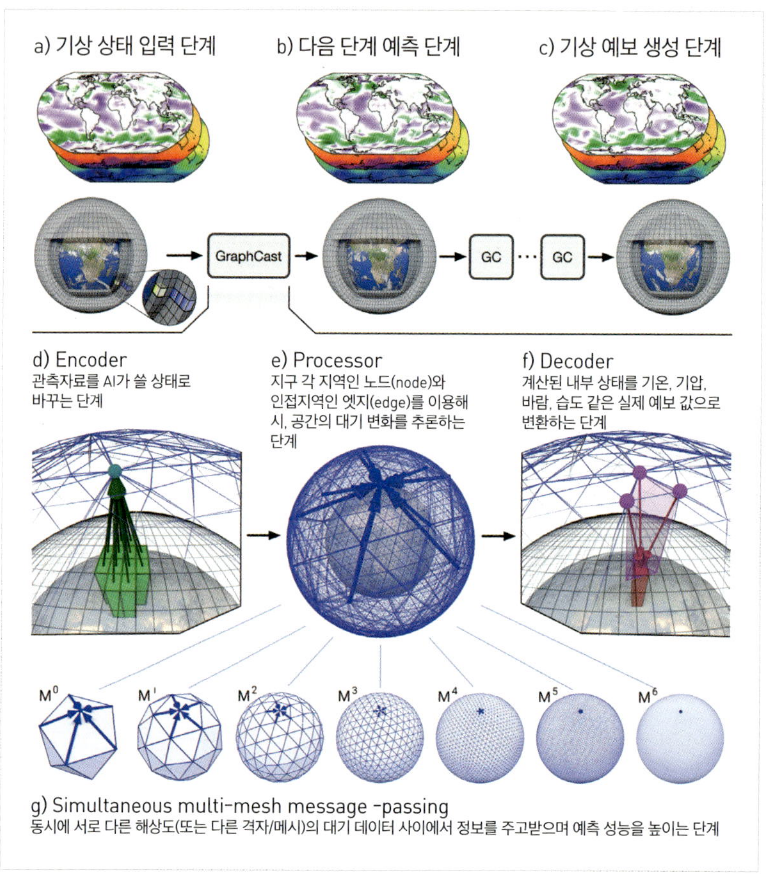

그래프캐스트 개념도 ⓒITmedia News

 재난 영화 속 기후환경 빼먹기

AI가 각 지역의 기온, 기압, 바람, 습도 같은 정보가 서로 어떻게 영향을 주고받는지 학습해서 전보다 더 빠르고 정확한 예보를 내놓고 있어.

기존의 수치예보는 수많은 수학 방정식을 기반으로 슈퍼컴퓨터가 날씨를 시뮬레이션했기 때문에 시간도 오래 걸리고, 7일 이상 장기 예보에서는 정확도가 다소 떨어지는 한계가 있었어.

반면 그래프캐스트는 복잡한 수식을 사용하지 않고, AI가 수십 년간의 날씨 데이터를 학습해 패턴을 인식한 뒤 이를 바탕으로 예보를 생성하기 때문에 훨씬 빠르고 유연해. 실제로 전 세계 10,000개 지점의 10일 치 날씨를 예측하는 데 채 1분도 걸리지 않는다고 하더라고. 최근 실험에서는 기존의 세계 최고 수치예보 모델보다도 기상 변수 예측 정확도에서 90% 이상 앞서는 결과를 보였지.

여기서 더 발전하면, AI가 실시간으로 구름의 상태를 분석하고, 바람의 방향과 속도를 계산해서 지금 여기에 비를 내릴지 말지를 판단할 수도 있어. 그리고 그 판단을 바탕으로 드론 군집이 자동으로 출동하고, 위성이 그 결과를 감시하는 동시에 사물인터넷IoT 기술이 도시 곳곳의 기후를 정밀하게 조절하는 거지. 말하자면, AI 예측은 드론 운용, 위성 감시, IoT 제어를 하나로 연결해 '지능형 기후조절 시스템'을 구성하는 핵심이 되는 셈이지.

물론 기술이 고도화될수록 위험성도 함께 커질 수밖에 없어. 기후를 단순히 계산 가능한 문제로만 보면, 자연의 복잡성과 예상하지 못한 변수들을 간과할 위험도 존재하니까 말이야.

맞아. 도시에서도 폭설이나 태풍, 더위, 추위 같은 기후 문제에 대응하기 위해 다양한 기후 적응 전략을 세울 수 있어. 네가 말한 것처럼 도심에 공원이나 숲 같은 녹지를 조성해서 도시의 열기를 낮추는 방법이 대표적이지.

그 외에도 옥상정원이나 건물 벽면에 식물을 키우는 녹화사업도 여기에 포함돼. 이런 방법들은 도시의 온도를 낮추고, 미세먼지를 줄이며, 습도를 조절하는 데 도움을 줄 수 있거든.

또 요즘은 건물 외벽을 밝은색, 특히 흰색으로 칠해 햇빛을 반사하기도 하고, 바다 위에 태양광 반사 필름을 설치해 열을 줄이는 기술도 시도되고 있지. 이런 것들이 모두 도시의 기후를 스스로 조절하기 위한

세계에서 가장 큰 옥상정원으로 기네스북에 등재된 세종청사 옥상정원 ⓒ뉴스1

  재난 영화 속 기후환경 빼먹기

기술과 전략이라 할 수 있어.

삼촌, 과학기술을 이용하는 건 좋은데, 이러다가 정말 영화처럼 잘못되면 큰일 아니에요?

네 말처럼 과학기술을 실생활에 적용할 땐 항상 세심한 주의가 필요해. 기후를 인위적으로 조절하다 보면, 예상하지 못한 부작용이 따를 수 있으니까.

가령 누군가 태풍의 방향을 바꿔 한 지역의 피해를 줄이면, 그 태풍이 엉뚱한 지역에 더 큰 피해를 줄 수도 있거든. 그래서 기후 조작은 언제든 무기로 변할 위험성을 안고 있어.

실제로 과거에는 일부 군사 작전에서 기후를 전쟁에 활용하려는 시도가 있었어. 대표적인 사례가 베트남전 당시 비를 인위적으로 내리게 해서 적군의 보급로를 방해했던 'Operation Popeye'라는 작전이지. 이런 문제를 막기 위해 국제사회는 1977년 유엔의 주도로 만든 국제협약 ENMOD Convention on the Prohibition of Military or Any Other Hostile Use of Environmental Modification Techniques를 통해 기후를 무기로 사용하는 것을 금지했어.

그보다 중요한 건, 우리가 만든 기후 위기를 해결하려는 노력이 기술에만 의존해서는 안 된다는 점이야. 지금이라도 탄소 배출을 과감히 줄이고, 지구 생태계를 지키기 위한 근본적인 변화를 함께 이뤄내야만 해. ●

인공강우 실험의 빛과 그림자

해마다 봄철이면 건조한 기후로 인해 우리나라에서는 산불 발생이 점점 잦아지고 있습니다. 2025년 3월에도 경북 지역에 대형 산불이 발생해 많은 이재민이 발생했지요. 이에 따라 정부는 산불 예방과 대기질 개선을 목적으로 인공강우 실험을 진행하고 있습니다. 하지만 이 기술은 아직 충분히 검증되지 않았기 때문에, 예기치 못한 다양한 문제가 발생할 수 있습니다.

인공강우 실험에는 보통 요오드화은AgI, 염화칼륨KCl 등이 사용되며, 일부 실험에서는 이산화타이타늄TiO_2 같은 물질이 응결핵 후보로 연구되기도 합니다.

요오드화은은 낮은 농도에서는 인체에 큰 해가 없다고 알려졌지만, 장기간 누적되면 생태계나 인체에 영향을 줄 수 있습니다. 특히 대기와 수질에 장기적으로 어떤 영향을 미칠지에 대한 연구는 아직 부족한 실정입니다. 이산화타이타늄 역시 세계보건기구WHO와 국제암연구소IARC에서 2B 등급 발암물질로 분류될 만큼 위험한 물질입니다.

인공강우의 기본 원리는 요오드화은이나 드라이아이스 같은 물질을 대기

중에 살포해 구름 속 물방울을 응결시켜 비를 유도하는 것입니다. 이 과정에서 특정 지역에 인공적으로 강수를 일으키면 인접 지역의 강수가 줄어들 수 있다는 우려도 제기되지만, 이를 과학적으로 명확히 입증한 사례는 아직 많지 않습니다.

이처럼 기후는 전 지구적으로 연결되어 있어서 한 지역의 날씨를 인위적으로 조작하면 예상치 못한 기상 현상이 다른 지역에서 발생할 가능성이 있다는 점은 과학계에서도 우려하고 있습니다.

또한, 인공강우는 국가 간의 갈등으로 이어질 가능성도 있습니다. 예컨대 중국은 2008년 베이징 올림픽 당시 대기질 개선을 위해 인공강우를 시도했는데, 그로 인해 인접 도시에서 갑작스러운 폭우와 우박이 쏟아졌다는 주장이 제기되었습니다.

이러한 기술이 세계 곳곳에 널리 퍼지면 '누가 먼저 비를 가져갔는가?'를 둘러싸고 외교 분쟁이 생길 수 있다는 우려도 있습니다. 이런 이유로 유엔은 군사적 목적의 기후 조작을 엄격히 금지하고 있습니다.

중국 기상 공무원들이 인공강우탄을 장착하는 모습 ⓒ신화연합뉴스

 재난 영화 속 기후환경 빼먹기

사실 인공강우는 가뭄 해소, 산불 예방, 미세먼지 저감 등 다양한 가능성을 지닌 훌륭한 기술입니다. 하지만 현실에선 이러한 목적으로만 사용되고 있는 건 아닙니다. 따라서 자연을 인위적으로 조작한다는 점에 대해 책임감을 가져야 하고, 예상치 못한 파급 효과에 대비해 신중히 접근해야만 합니다. ●

인공적으로 만든 비 때문에 다른 지역에 피해가 생긴다면, 그 책임은 누구에게 있을까요? 이건 자연재해일까요? 인재일까요?

참고 자료

도서

- 이지유, 『기후변화 쫌 아는 10대』, 풀빛, 2020

- 최원형, 『환경과 생태 쫌 아는 10대』, 풀빛, 2019

- 곽재식, 『세균 박람회』, 김영사, 2020

- 이정모, 『찬란한 멸종』, 다산북스, 2024

- 마크 라이너스, 『최종 경고: 6도의 멸종』, 세종서적, 2022

- 리처드 파워스, 『지구의 마지막 숲』, 은행나무, 2022

- 이선, 『우리는 모두 기생충이다』, 어크로스, 2023

- 마이클 워든, 『곰팡이: 지구를 지배하는 숨은 주인공』, 을유문화사, 2023

- 에이모이와 기무라 료, 『야생의 미래』, 니케북스, 2023

- 카이 미카엘 레스니크, 『멸종과 진화』, 웅진지식하우스, 2022

- 클라이브 해밀턴, 『지오엔지니어링: 인류의 대담한 실험』, 갈라파고스, 2021

- 존 케리, 『지구를 구하는 기술들』, 리더스북, 2021

- 데이비드 월러스 웰스, 『왜 지구에 살아야 하는가』, 반니, 2020

- 요한 록스트림 외, 『지구 시스템의 경계』, 흐름출판, 2022

- 머린 셰일드레이크, 『균의 제국』, 아날로그, 2023

- 존 그린, 『인류세』, 돌베개, 2022

- 레이첼 카슨, 『침묵의 봄』, 에코리브르, 2011

- 그레타 툰베리, 『그레타 툰베리의 기후책』, 한즈미디어, 2022
- 최원형, 『인류세를 넘어』, 위즈덤하우스, 2023
- 캐런 섀너, 재그밋 컨월. 진선미 번역 『동물의 숨겨진 과학』, 양문, 2013
- 에드 용, 양병찬 번역, 『이토록 굉장한 세계』, 어크로스, 2023
- 앨런 와이즈먼, 이한중 번역, 『인간 없는 세상』, 알에이치코리아, 2020

논문

- Caesar, L. et al. The Atlantic Meridional Overturning Circulation at its weakest in over a millennium. Nature Climate Change. Nature Geoscience. 118-120. 2021.
- M., D. Coumou, L. Agel, M. Barlow, E. Tziperman, and J. Cohen. More-persistent weak stratospheric polar vortex states linked to cold extremes. Bulletin of the American Meteorological Society. 1175. 2018
- RCSB Protein Data Bank. (n.d.). PDB-101: Educational portal for exploring proteins and nucleic acids.
- Yinon M Bar-On et al. The biomass distribution on Earth. PNAS. 6506-6511. 2018.

웹사이트

- https://www.esa.int/Applications/Observing_the_Earth/Swarm

- https://www.nasa.gov/feature/goddard/2020/south-atlantic-anomaly

다큐멘터리

- 푸른 기적: 맹그로브를 살리다. KBS 스페셜. 2017
- 기후위기시계 1.5℃. EBS 다큐프라임. 2023.
- 자연의 대반격. MBC 스페셜. 2019

신문

- 한겨레 신문: 벨라도나, 그 독초를 클레오파트라가 사랑한 이유

 재난 영화 속 기후환경 빼먹기

#Disaster_Movie

재난 영화 속 기후환경 빼먹기
ⓒ 루카 2026

초판 1쇄 발행일	2026년 2월 28일

지은이	루카
펴낸이	복일경
편집	조주호, 정선희
디자인	페이퍼컷 장상호
펴낸곳	도서출판 글씨앗
출판등록	제2002-000052호
주소	세종시 대평1길 37, 201동 3층 5호
전화	0507-1382-6677
E-mail	glseedbook@gmail.com

ISBN 979-11-993243-0-5 43450